AF461196

CONTRIBUTION A LA GÉOLOGIE DU DÉPARTEMENT DE L'OISE

NOTICE DE LA CARTE GÉOLOGIQUE DE BEAUVAIS

La révision des tracés géologiques de la feuille de Beauvais (n° 32), en vue d'une seconde édition qui doit paraître prochainement, nous a fourni l'occasion d'étudier les coupes nouvelles mises à jour dans les exploitations des matériaux du sol ou dans les talus des routes et des voies ferrées ouvertes dans ces dernières années. L'étude de ces coupes, et la découverte de gisements fossilifères, en apportant de nouveaux éléments à la géologie du département de l'Oise, permet de rectifier en un certain nombre de points le tracé des anciens contours.

Après la classique monographie de Graves[1], on comprendra qu'il soit superflu d'entrer dans le détail de la composition des assises représentées sur la feuille ; aussi nous bornerons-nous à signaler les rectifications opérées dans chacune des régions naturelles qui s'en partagent l'étendue.

On sait en effet que le territoire de la feuille de Beauvais est loin d'être homogène : on y distingue quatre régions naturelles qui diffèrent à la fois par leur altitude et par la constitution du sol.

Au S.O., bordant la feuille de Paris, le *Vexin* supporte les mamelons oligocènes à contours dentelés des environs de Marines, dont on retrouve l'équivalent au mont Pagnotte qui domine la grande plaine éocène du *Valois* étendue au S.E. La bordure nord, où commence la *région Picarde*, est formée depuis Beauvais jusqu'à Compiègne, par la craie blanche recouverte en quelques points par des ilots déprimés de l'éocène inférieur. Enfin au N.O., le *Pays de Bray*, constitue une région des plus intéressantes par la variété des terrains qu'on y rencontre, et par la beauté du paysage qui s'offre aux yeux du spectateur placé sur l'une ou sur l'autre des falaises qui l'entourent. Du Bray, il reste d'ailleurs peu de chose à dire après l'étude magistrale qu'en a faite M. de Lapparent dans les « Mémoires pour servir à l'Explication de la Carte géologique détaillée de la France[2]. »

Les rectifications auxquelles donnent lieu les tracés du Pays de Bray sont les suivantes : *Faille du Bray.* Cette faille qui doit être placée non pas au sommet de la voûte anticlinale, mais à plus d'un kilomètre sur la pente N.E., a sa direction très nettement marquée en plusieurs points. On constate son passage sur la route de Glatigny à Haucourt, où elle fait buter contre la craie à *Inoceramus*

[1] *Topographie géognostique du département de l'Oise*, par Graves. Beauvais, 1847.
[2] *Le Pays de Bray*, par A. de Lapparent.

labiatus c⁶, les argiles du *Gault* c², exploitées dans le fond du vallon ; elle disparaît plus au sud, pour reparaître à Boncourt, près de Noailles, et à Coupin entre Ully-Saint-Georges et Foulangues.

La coupe de Boncourt est très nette.

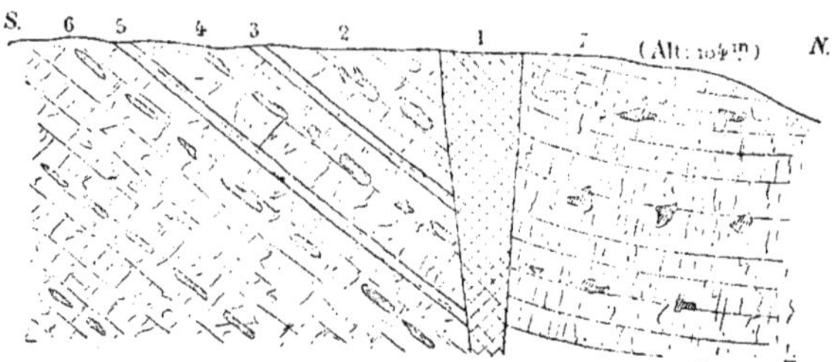

Fig. 1.

1 Brouillage Faille du Bray ;
2 Craie grisâtre ; 3 Marne argileuse verdâtre ;.......................) Plongement
4 Craie grise à petits silex généralement ovoïdes ;.......................} N.E.
5 Marne argileuse grisâtre, feuilletée.......................} 37 à 38°
6 Craie grise à *Inoceramus labiatus* :.......................)
7 Craie blanche plus dure à gros silex branchus, patine rosée. *Terebratula semi-globosa*. *Micraster cortestudinarium*, plongement N. E. : 5 degrés.

L'axe anticlinal peut être tracé sur la carte avec autant de précision relative, en explorant la région des sables néocomiens comprise entre Glatigny et Saint-Paul : on y voit les couches plonger suivant des directions inverses, tantôt N.E. comme à Savignies ou vers l'Italienne ; tantôt S.O. comme à Saint-Paul ou près de La Frenoye. La marnière de Bellevue, à la Fusée, près de Sainte-Geneviève, marque un nouveau point de passage de cet axe, en montrant à la fois les deux inclinaisons opposées.

Dans les sablières du bois de Belloy, on peut en même temps mesurer le rejet que les couches ont subi dans la direction S.O. par la fracture qui détermine le cours de l'Avelon entre Beauvais et Rainvilliers. Mais l'importance de cet accident transversal est encore mieux mise en évidence par la comparaison des assises de craie à *Micraster cortestudinarium*. A 800 m. au N.O. du clocher du Goincourt, leur base ne descend pas au-dessous de 144 m. d'altitude, tandis qu'à 700 m. à l'est du même point sur la route de Beauvais à Gisors, c'est leur sommet qui affleure à 74 mètres.

TERRAIN JURASSIQUE

Le Portlandien, occupe une faible étendue dans l'angle N.O. de la carte. Le portlandien inférieur et moyen j⁶, comprend des assises de grès calcaires ou de calcaires siliceux servant aux constructions ou à l'empierrement des routes. La carrière d'Evaux, ouverte dans les assises inférieures, montre des bancs alternatifs de sables verdâtres et de grès calcaires gris-rosé, surmontés par un calcaire blanc très dur où abonde l'*Anomia lævigata*, Fitton.

Les couches supérieures $j^7{}_s$, principalement formées de sables blancs et roses avec cailloux de quartz plus ou moins agrégés, bancs de grès ferrugineux et lits minces d'argile brune, sont visibles à l'église de Glatigny (fig. 2); leur contour doit donc remonter jusqu'en ce point vers le nord; de même un peu au S.O. du point 209 de Courcelles-sous-Bois et à 1 kilom. de la Fresnoye sur la route de Savignies. Ils sont plus développés vers la ferme de Marivaux.

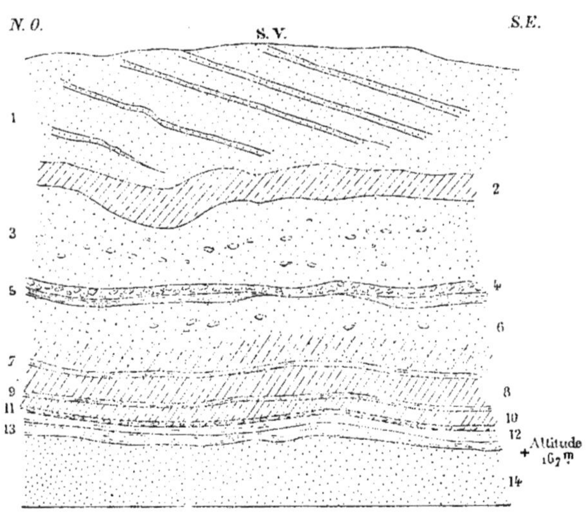

Fig. 2.

1 Sable blanc, veines jaunes inclinées .... 3 à 4m
2 Grès ferrugineux, à cailloux de quartz blanc laiteux 0.80
3 Sable rose, cailloux de quartz... 1 à 2m
4 Lit de cailloux de quartz 0.20
5 Filet d'argile.
6 Sable rouge vif, parfois jaune-roux, avec rares cailloux de quartz agate; grès tendre à la base .... 1m20 à 2m
7 Argile grise 0.04
8 Grès tendre jaune roux 0.80
9 Argile grise feuilletée 0.03
10 Grès tendre jaune roux et rose. 0.25
11 Cailloux de quartz amande ... 0.03
12 Argile bleue 0.04
13 Argile rougeâtre 0.06
14 Sable rouge brun.

Sur la route de Glatigny à La Chapelle-aux-Pots, la limite supérieure du portlandien doit remonter sensiblement vers le nord, comme le montre la coupe suivante prise dans le Bois du Parc, à 600 m. à l'ouest du clocher d'Hodenc-en-Bray.

Sol végétal :

1) 0.60, sable argileux, bariolé de jaune avec veines charbonneuses;

2) 1.45, sable argileux gris;

3) 0.80, argile gris-blanchâtre, pour tuyaux de drainage;

4) 2.00, argile compacte noir-violacé, terre à pots.

TERRAINS CRÉTACÉS

Néocomien c_{IV}. — Composé d'un système de sables blancs, jaunes, quelquefois rouges, quartzeux, micacés avec veines charbonneuses, intercalés entre deux assises d'argile compacte. Au sommet des sables, des infiltrations ferrugineuses les ont convertis en grès assez durs pour être employés dans les constructions (Le Béquet, Saint-Paul). Un peu au sud, au Mont-Rouge de Rainvilliers les sables se chargent de minerai de fer à coloration très intense.

Les assises du Bois du Parc appartiennent aux couches inférieures du néocomien, qui sont ainsi plus étendues vers le nord que ne le portait l'ancienne carte; il en est de même au Vivier-Danger, vers le coude de la grande route de Gournay.

Nous signalerons les nouvelles sablières ouvertes dans ces derniers temps : Près de la ferme de Courcelles, à peu de distance du signal 233, point culminant de tout le pays de Bray; dans les bois de Lhuyères, contre la ferme d'Héricourt; enfin celles du Bois-de-Belloy. Bien que nous n'y ayons jamais rencontré que des débris de *Lonchopteris Mantelli*, Brongn.[1], l'observation des inclinaisons de ces diverses sablières n'en est pas moins intéressante, puisqu'elle permet de marquer avec une certaine précision le passage de l'axe anticlinal qui domine la région.

Urgonien c_{II} (16 à 18m). — Les *Argiles panachées*, dans lesquelles on trouve parfois englobés de beaux cristaux de chaux sulfatée (Montoile), sont moins étendues au pied de la falaise S.O., d'Ons-en-Bray à Berneuil, et leurs contours doivent être rapprochés du fond de la vallée; de même, près de la halte de Saint-Léger, où les exploitations du Bois de Beaufay modifient les tracés en les remontant vers le N.E.

Aptien c_{I}. — Sur la route de Flambermont à Vaux, vers l'altitude 99, une couche argilo marneuse, gris-verdâtre, à rognons de grès ferrugineux, intercalée entre les glaises roses panachées et les sables verts exploités à 2 kilom. au sud, nous a fourni des débris d'*Ostrea aquila*, d'Orb. avec des moules d'Arches et de Vénus, qui, bien qu'indéterminables, permettent cependant de différencier cette assise de ses deux voisines, et de la rattacher à l'horizon des *Argiles à plicatules*. En retrouvant cette même couche aux environs de Montoile, nous avons pu tracer le contour des argiles à *O. aquila*, dont la présence a déjà été constatée à l'usine de l'Italienne[2].

Albien. — *Les sables verts* c^1 doivent être prolongés vers le S.E. à l'Héraule jusqu'à la route de Neuville-Vault, près de laquelle ils sont exploités. De même sur la falaise du S.O., ils remontent vers le nord, ainsi qu'il résulte de coupes que nous avons relevées sur la route de Gournay, près de la limite de la feuille, au Pont-qui-penche, à Sinancourt, dans les Bois-d'Argile et aux Vivrots. Au nord de

[1] M. Munier-Chalmas y a trouvé des débris de conifères.

[2] De Lapparent, *Le Pays de Bray*, p. 62.

la station de Saint-Sulpice où leur épaisseur atteint 22^{m}, les talus de la voie ferrée montrent ces mêmes sables jusqu'à 50 mètres au delà du premier passage à niveau. Leur sommet est souvent recouvert d'une couche de cailloux de la craie plus ou moins roulés, à patine jaune, très estimés pour l'empierrement des chemins.

Aux Galopins, à l'ouest du Vivier-Danger, ils présentent la coupe suivante :

Sous le sol végétal SV formé d'une terre de bruyère noirâtre, on voit :

0.40 limon argilo-sableux, grisâtre :
0.28 à 0.35 limon jaune-rougeâtre bariolé ;
0.75 cailloux diluviens, jaunes, à patine blanche avec petits et gros galets parfaitement roulés et arrondis ;
Au-dessous : sables verts assez argileux au sommet pour retenir les eaux.

— Le **Gault** c² est sensiblement plus étendu, aux environs d'Ons-en-Bray ; il occupe sur la droite du Bois de la Marc, le mamelon coté 120, où son épaisseur est de 2^{m},80 à 3 mètres. Vers Le Ply, il donne lieu à plusieurs exploitations dont la plus importante, située au N.-O. du village offre la coupe ci-après :

1. Sable argileux verdâtre (gaize remaniée);
2. Argile grise, panachée de jaune, 1^{m}.10 à 1^{m}.55.
3. Argile compacte gris clair, 1^{m}.30 à 1^{m}.45.
4. Argile gris bleuâtre, 1^{m}.35 à 1^{m}.66.
5. Argile gris argentin, veines rougeâtres au N, 0^{m}.90 à 1^{m}.62.
6. Argile noire très compacte. 0^{m}.95 à 1^{m}.55.
7. Sables rouges et verts très quartzeux, 1^{m}.30

Niveau d'eau (alt. 109 m.).

Les couches 3, 5 et 6 renferment vers leur base des nodules phosphatés tantôt gris noirâtres, tantôt verts comme les *coquins* des Ardennes, dont la teneur varie de 10 à 14,5 0/0. L'*Ammonites interruptus*, Brug. existe dans les couches 3 et 6 notamment ; l'*Amm. Deluci*, Brong. principalement dans la couche 6. L'une et l'autre renferment environ 13,5 de phosphate de chaux.

Gaize c³. — La Gaize qui se rattache au Gault par ses couches argileuses de la base (descente de St-Germain-la-Poterie), et à la craie cénomanienne par les bancs solides du sommet (Troussures, descente d'Hodenc-l'Evêque à Silly), est par cela même difficile à séparer ; ses limites ont dû souvent être réunies à celles du cénomanien et confondues sous la notation **c**$^{3\text{-}4}$ au pied de la falaise N.-E, notamment sur la pente du coteau dominé par l'église de St-Sulpice, où leur épaisseur est très réduite. Sur la falaise opposée ses contours ont été reportés vers le S.-O, à La Vallée d'Ons en Bray, tandis qu'ils ont été relevés vers le N.-E, entre Ons en Bray et Auneuil.

c⁴.—La craie glauconieuse (**cénomanien**) peut être facilement étudiée à l'O. de la gare d'Auneuil sur la route de Villers-St-Barthélemy, et mieux encore dans la tranchée de la Grosse-Saux entre la station de St-Sulpice et la halte d'Hodenc-Silly [1]. Les bancs compactes du sommet de la tranchée nous ont fourni : *Ammonites (Schlœnbachia) varians*, Sow. ; *Amm.* (*Achantoceras*) *Mantelli*, Sow. ; *Amm. Gentoni*, Defr. (*Acant. Sarthacense*) ; *Pleurotomaria ? Trochus girondicus*, d'Orb. Cette craie renferme des nodules gris jaunâtres de phosphate de chaux dont la teneur atteint 39 0/0.

[1] Excursions géologiques aux environs de Beauvais, par Ch. Janet et J. Bergeron.

Turonien c⁶.—Les tracés du Turonien, ont été surtout modifiés par suite de l'attribution à cet étage des couches à *Micraster breviporus* qui avaient été précédemment rattachées au sénonien.

La fréquence du *Mic. breviporus* sur les pentes de la falaise N.-E. rend de ce côté la séparation assez facile. Nous citerons notamment la marnière ouverte à 500 m. N.-E. de la halte de Goincourt, sur la route de Beauvais à Gisors, et de petites exploitations situées sur le vieux chemin qui passe au calvaire de Goincourt, et s'élève au N.-O., vers le Bois du Parc. Au-dessus des couches à *M. breviporus*, on voit vers la base du four à chaux de Mont St-Adrien, les assises à *Micraster normanniæ, Bucaille*, qui servent de passage à l'étage sénonien.

Sénonien c⁷ c⁸. — La craie à Micraster c⁷ *(cortestudinarium et coranguinum)* loin de s'étendre sur presque toute la région crayeuse, n'en occupe qu'une partie assez restreinte. Les assises à *cortestudinarium* (c^{7a}) s'élèvent de chaque côté du Bray jusqu'au sommet des falaises. Dans le haut, c'est une craie blanche, tendre, à silex noirs ; tandis que la base comprend principalement des bancs assez réguliers, variant de $0^m,80$ à $1^m,40$, d'une craie dure, noduleuse, à surface rugueuse et perforée, contenant peu ou point de silex. Elle est fossilifère aux fours à chaux de Glatigny, Mont St-Adrien, Goincourt, Flambermont, et sur le chemin montant de la gare de Cauvigny vers la Fusée. Sous le plateau du Thelle, son inclinaison au sud est bien visible dans la tranchée qui précède le tunnel du Coudray vers la station de la Boissière (fig. 3). A

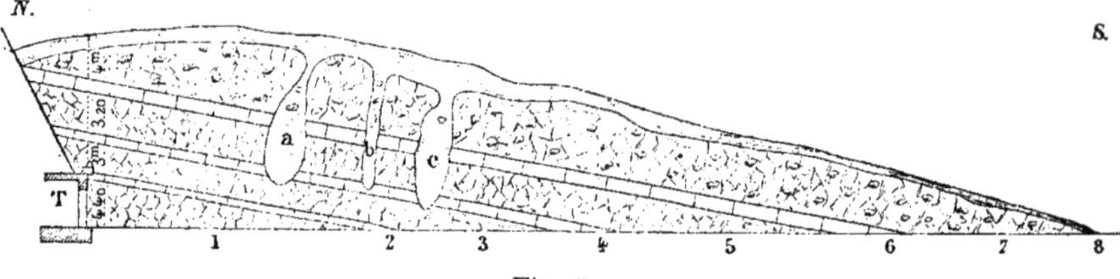

Fig. 3.

1. 3. 5. Craie grise tendre en petits fragments, sans silex.
2 Craie grise dure, en bancs réguliers. 1^m20
4 Craie grise dure avec *Terebratula semi globosa* et *Cidaris*.......... 1.20
6 Craie grise dure, à *Micraster cortestudinarium*.................. 1 40
7 Craie blanche, tendre, à silex *Micraster cortestudinarium* et *coranguinum ?*
8 Argile rouge à cailloux de la craie avec *argile à silex* noirs à la base.
a. b. c. Poches d'argile rouge, avec *argile brune à silex* au contact de la craie.
T. Tunnel.

1500 m. de distance, les bancs du sommet de la falaise (215 m.) sont descendus au niveau de la voix ferrée (alt. 169 m.), présentant assez fréquemment le *micr. cortestudiarium.* Ag. *Terebratula semi-globosa*, Sow. *Cidaris sceptrifera*, Mant. Le plongement vers le S. qui est ici d'environ 0 m.03 par mètre, ne s'étend pas très loin vers Méru, car la craie à bélemnitelles y est sensiblement horizontale.

[1] Tous nos échinides ont été déterminés par M. Gauthier avec la compétence et l'amabilité qui distinguent notre savant confrère.

Sur la falaise N.-E., en même temps qu'elle change de sens, l'inclinaison est aussi bien plus accentuée. Au four à chaux situé sur l'ancienne route de Beauvais à Gisors par St-Martin-le-Nœud, les couches du fond à *Cortestudinarum* plongent au N.-E. de 0m.30 à 0m 32 par mètre, sous la craie à *Micraster coranguinum*, recouverte par la craie blanche à *Belemnitella quadrata*, qui occupe ici le sommet de l'exploitation, et disparaît à son tour sous la craie à *mucronata* exploitée au Fg. St.-Jean de Beauvais.

c^{ib}. — La *Craie à micraster coranguinum* existe à Goincourt, au four à chaux que nous venons de citer, avec une épaisseur qui n'atteint pas 12 mètres. Pour retrouver ce fossile qui est assez rare, il nous faut descendre jusqu'au delà de Ste-Geneviève, à la carrière de la Fusée, où passe l'anticlinal du Bray ; puis venir par le Petit Fercourt jusqu'à La Boissière sur le chemin qui conduit à la station ; son horizon descend jusqu'à Lardières, et se poursuit, parallèlement au Bray par Valdampierre, Jouy-sous-Thelle, Thibivillers et La Bosse.

Nous ne l'avons pas retrouvé dans la région nord de la feuille ; mais la présence de la variété *carênée* de l'*Ananchytes carinata*, Sow. indique son existence au faubourg St-Jacques, à Beauvais, ainsi que dans les vallons qui entament la bordure N. de la carte entre Beauvais et Compiègne : Le *Thérain* à Herchies et Forges-Milly, la *Liovette* jusqu'auprès de Rieux, la *Brêche* jusque vers Bulles, et l'*Arest*, depuis St.Just en Chaussée jusqu'à Bizaucourt.

Dans la vallée de l'*Aronde*, l'axe de Gamaches ramène au jour la craie à *micraster coranguinum*, sur les pentes de l'Oise qui dominent la ville de Compiègne, vers la limite des deux feuilles Beauvais et Soissons.

Sous des assises assez régulières de craie dure, jaune, grenue, noduleuse, paraît alors une craie tendre, blanche, à silex ordinairement rosés, où le micraster coranguinum, assez rare, est accompagné par l'*Actinocamax verus*, Miller, très abondant et par la variété *carênée* de l'Ananchytes carinata. Après avoir contourné le confluent de l'Oise et de l'Aronde, la craie à *coranguinum* remonte cette vallée jusqu'à Baugy où la partie inférieure du four à chaux nous a fourni : *Ostrea ? Cidaris sceptrifera*, Mantel ; *Actinocamax verus* ; puis elle disparaît, d'une part, sous les assises tertiaires, et de l'autre sous la craie à *Belemnitella quadrata*, qui, au vallon de La Chelle affleure au niveau de la rivière (altitude 51 m.).

Craie à belemnitelles. — Entre les assises précédentes contenant *l'Actinocamax verus* et celles de la craie blanche à *belemnitelles*, il existe à Margny-les-Compiègne, 4 à 5m de craie jaune, dure, en bancs réguliers dans laquelle nous avons trouvé 2 espèces de bélemnites différentes de celles qui ont été jusqu'ici signalées dans les environs de Paris : La première qui est une variété de *Belemnitella quadrata*, s'en distingue cependant par l'exiguité relative de son cône alvéolaire. Elle se rapproche de celle qui a été figurée sous le nom d'*Actinocamax Westphalicus* dans le *Palæontographica*, vol. 24, pl. 53, fig. 10-19 ; on y remarque toutefois de fines granulations et une plus grande profondeur du cône, qui semblent marquer un passage entre les deux espèces précédentes. La deuxième a été décrite à l'une des dernières séances de la Société géologique, sous le nom de *Actinocamax Grossouvrei*, Jan. [1], par M. Janet qui en avait également trouvé d'autres exemplaires dans les carrières de la région.

La craie à *Belemnitella quadrata*, Defr. **c**^{8a} qui vient au dessus, s'étend sur toute la bordure nord de la feuille, et souvent, surtout vers l'E., elle est accompagnée par *Ananchytes carinata*, Lmk. var *hemispherica*. La Bel. quadrata existe à Baugy, à Beaupuits, au sommet de Valescourt, dans le vallon de Fourneuil, à Villers-Saint-Lucien près de Beauvais, et au N.-O. dans la vallée du Thérain jusqu'à Milly où nous signalerons également la présence du *Micraster glyphus*, Schluter, que M. Péron considère comme caractérisant la partie supérieure des couches à Bel. quadrata [2].

Au four à chaux de Goincourt près du point 128 sur la route de Beauvais à Saint-Martin-le-Nœud et Gisors, *Bel. quadrata* est aussi très fréquente au sommet de l'exploitation.

Avec les fossiles précédents nous avons rencontré l'*Offaster pilula*, Desor, à Houssoy-le-Farcy, à Boursines, à Rieux, à Villers-Saint-Lucien, et à Saint-Maurice, près de Troissereux, au niveau du Thérain.

L'affaissement longitudinal des assises du Bray vers la Vallée de l'Oise fait disparaître à Ully-Saint-Georges les couches à *Micraster* sous la craie à *Belemnitella quadrata*. Celle-ci se poursuit jusqu'à l'extrémité du vallon de Blaincourt, à Précy-sur-Oise, où d'importantes exploitations de craie blanche, l'entaillent sur toute la hauteur de la falaise. Mais les couches à quadrata ne tardent pas à faire place aux assises plus récentes à *Bel. mucronata* qui occupent la plaine autrefois tertiaire étendue au pied des collines du Vexin.

Nous voyons en effet la craie blanche à *Belem. mucronata* d'Orb. **c**^{8b} paraître à Morangles, sur les pentes du Bois de Montpéreux, où nous avons également rencontré *Cardiaster Heberti*, Cotteau ; elle se poursuit par Bornel, Méru, Pouilly Enencourt-le-Sec, et Petit-Rebetz jusqu'auprès de Chaumont en Vexin. Un peu au S.-E., au seuil de partage des eaux de la Troesne et du Sausseron, un pointement de craie à *Bel. mucronata* occupe l'espace compris entre le mamelon sableux d'Heurcourt et les pentes argileuses d'Amblainville.

C'est également par suite de l'inclinaison vers le S. des couches à *Bel. quadrata*, que la craie à *Bel. mucronata* et à *Ostrea vesicularis*, Goldf., a été conservée dans la grande dépression E.-O. qui s'étend de Beauvais à Jaux près de Compiègne. Elle existe à Saint-Just-des-Marais, à Beauvais (fg. St.-Jean), à Therdonne au pied de la Butte de Bourguillemont, aux marnières de Bresles, d'Etouy, de Fitz-James, et disparaît sous les couches à *B. quadrata* au pied du massif tertiaire, suivant une ligne passant par Arsy, Canly et Jaux.

Dans les différentes assises de craie blanche que nous venons de passer en revue, nous assistons à la transformation parallèle de leurs fossiles caractéristiques. Avec la Belem. vera ou Actinocamax verus dont l'alvéole est souvent à peine indiqué, coexiste la variété carénée de l'ananchytes carinata ; la partie

[1] Ch. Janet : *Bul. Soc. Géol. de Fr.*, 3e série, vol. XIX, 8 juin 1891.

[2] Péron, Lambert et Gauthier : Notes pour servir à l'histoire du terrain de craie, page 74.

antérieure de celui-ci s'arrondit vers l'ambitus et devient var. hemispherica au moment où, la cavité alvéolaire d'Actinocamax verus se creusant, la Belem. quadrata commence à paraître. Celle-ci disparaît à son tour et fait place à Belem. mucronata dont l'alvéole est plus profonde, quand l'ananchyte précédent a pris la forme ovata, caractéristique du sénonien supérieur.

Calcaire pisolithique, c^9 — Le calcaire pisolithique n'est connu qu'en un point sur la carte, à Laversines, sous l'ancienne église de Saint-Germain, où il est adossé à la craie à Bel. mucronata. Il se présente sous un aspect différent à la base et au sommet. Au contact de la craie c^8, c'est une marne peu épaisse ; au-dessus, un calcaire jaune clair très compact, supportant un ensemble de 3 à 4 mètres d'un calcaire jaune foncé, finement grenu, friable, pétri de *Lima Carolina*, d'Orb. de *Cerithium*? de *Cidaris Tombecki* Desh. et autres fossiles peu déterminables. Graves donne à la page 169 une liste assez complète de fossiles que l'état actuel de l'affleurement ne permet pas de retrouver.

TERRAINS TERTIAIRES. — ÉOCÈNE INFÉRIEUR.

I. Argile et conglomérat à silex e_{vb}.—Le contact des terrains tertiaires et crétacés, est visible en plusieurs points de la feuille, notamment dans la tranchée du chemin de fer qui précède la station de Clermont de l'Oise, à Méru et à Jaux près de Compiègne. Ici une exploitation de craie pour la fabrication de la chaux offre une coupe intéressante :

La craie à *Belemnitella quadrata* (7) mieux développée à Margny, est visible à la base ; au-dessus, la *Bel. mucronata* (6), commence à paraître.

Les couches de craie sont ravinées par un conglomérat de silex scoriacés (5), à patine verte enveloppés dans une argile sableuse. C'est le *Tuffau de La Fère* qui supporte les sables verts ou jaunâtres de l'horizon de Bracheux. Il disparaît au Nord-Est à peu de distance de la coupe précédente, mais nous l'avons revu à Grandfresnoy, à Eraine, et près de La Neuville-Roy. De Litz jusqu'à Laversines il est exploité activement pour l'empierrement des routes.

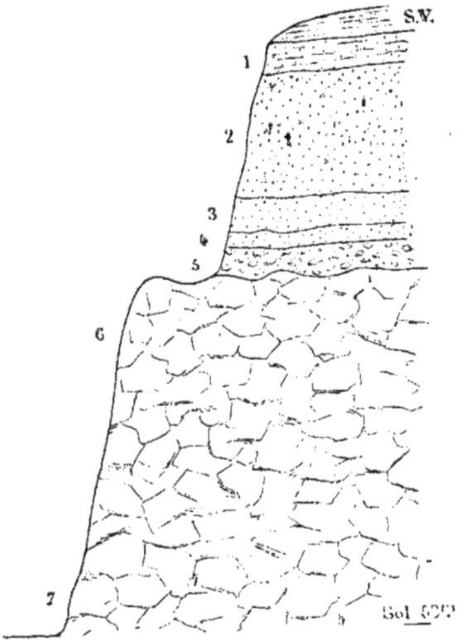

Fig. 4.

Sol végétal.
1 Limon roux sableux 0.80
2 Sable vert fin glauconieux sans fossiles 2.80
3. Sable jaune très fin 0.70
4 Sable jaune très glauconieux 0.30
5 Conglomérat de silex scoriacés à patine verte 0.50
6 Craie blanche *Belem. mucronata*, en haut .... } 8m
7 Craie blanche avec *Belem. quadrata* .... }

II. — Nous avons tracé de nouveaux contours de **Sables de Bracheux** $\mathbf{e}_{va}$ au Mesnil-sur-Bulles, et à Rochy, au pied de la colline de Bourguillemont, à peu de distance de la classique Butte de Bracheux, trop connue des géologues pour ne pas la citer en passant. De l'autre côté du Thérain, la voie ferrée de Hermes à Beaumont, qui offre d'importantes tranchées souvent creusées dans ces sables, nous a permis de rectifier le tracé des affleurements entre Noailles et Précy-sur-Oise, au pied du plateau du Thelle.

Plateau du Thelle. — Ce plateau crayeux qui s'incline en pente douce depuis le Bray jusqu'à la vallée de la Troesne, au pied du Vexin, est bordé au Nord par une série de lambeaux sableux isolés qui s'échelonnent depuis *Le Déluge* jusqu'à *La Houssoye* sur la route de Gisors, en remplissant des dépressions de la craie. Composés de sables quartzeux, jaunes ou roux, sans fossiles, avec veines argileuses plus ou moins ligniteuses et débris de grès, ils semblent se relier vers le Sud aux gisements mieux connus de *Sables de Bracheux* ($\mathbf{e}_{va}$) qui recouvraient autrefois toute la région.

Nous y avons relevé les coupes suivantes :

La première, sur la route de Beauvais à Pontoise, à 1 k. N.O. de Ressons, près de la tuilerie.

1. 0,85 limon argilo-sableux gris-jaunâtre, pas de cailloux
2. 0,75 sable argileux, remanié, avec rognons de craie durcie à la base.
3. 0,40 à 1 m. sable fauve, bandes jaunes et blanches, stratification régulière.
4. 2 m. sable blanc ou grisâtre, veines ocreuses et ligniteuses. Alt. 206 m.

Ravinement.

En se dirigeant au N.-O. vers la *Vallée Gergot*, le chemin qui descend de Villotran au Bois des Vallées est bordé vers l'altitude 157 m., par deux sablières, présentant la coupe ci-après :

1. 1,20 argile rouge à cailloux roulés de la craie, patine blanche.
2. 1,40 limon sableux, petits cailloux éclatés, veines d'argile grise traversant obliquement les couches 1 et 2.
3. 3 m. sable rougeâtre en haut, plus jaune à la base.

A mi-distance de La Neuville-sous-Auneuil à Jouy-la-Grange, une nouvelle sablière diffère des deux premières et présente la coupe ci-après :

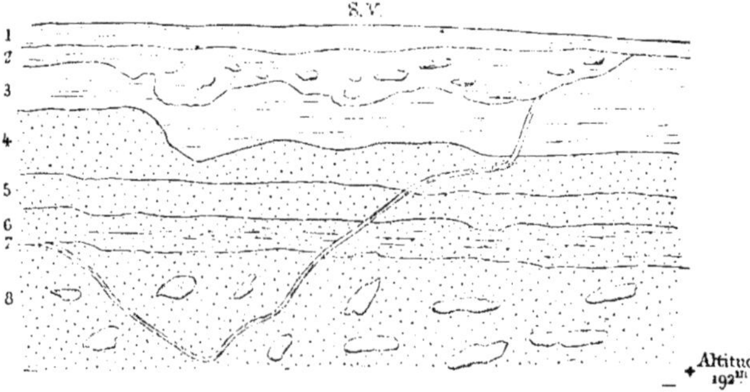

Fig. 5.

1 Limon gris argilo-sableux... 0.50
2 Limon gris, à cailloux de la craie.................. 0.30 à 1.50
3 Argile ocreuse, bariolée de veines jaunes et grises ... 0.70 à 1.90
Ravinement.
4. Sable fin jaune clair, veines jaunes et rouges........ 0.35 à 0.85
5 Sable jaune clair.......... 0.70
6 Sable jaune, veiné de gris et de blanc................ 0.80
7 Veinule d'argile grise compacte.................... 0.06
8 Sable jaune, poches blanches et rognons de grès....... 3.00

L'exploitation de La Houssoye est aujourd'hui abandonnée; mais si nous sortons des limites de la feuille de Beauvais pour examiner sur celle de Rouen quelques gisements analogues situés au Sud de la route de St-Germer, nous trouvons dans la forêt de Thelle de nouvelles sablières que nous pourrons comparer avec les précédentes.

Au lieu dit La Petite-Landelle sur le chemin de La Bosse, la sablière communale nous montre sous la terre végétale :

1. 0,75 de limon gris sableux.
2. 0,10 à 0,50 argile brune, rougeâtre, bariolée avec cailloux éclatés à la base.
3. 1,25 sable roux fauve, avec galets et silex branchus de la craie (remanié).
Ravinement.
4. 0,08 environ, lit ondulé de galets.
5. 3 m. sable blanc, veiné de jaune.

A 500 m. au nord de la précédente, la carrière Berthelot, est peu différente. On y voit :

1. 2 m. 20. Argile sableuse bariolée jaune roux, avec cailloux plats et silex à patine rouge, à la base :
2. 0,90 sable quartzeux grossier, avec veinules noires ;
3. 0,06 grès ferrugineux :
4. 1 m. sable jaune.

Enfin dans le Bois des Routis au Coudray-St-Germer nous avons relevé la coupe ci-après :

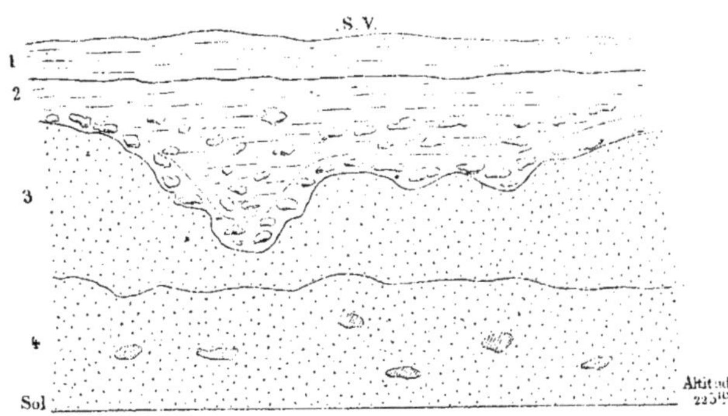

Fig. 6.

1. Limon argileux jaune roux..... 0.90
2. Limon argilo-sableux blanc jaune et roux avec cailloux et galets blancs disséminés : un lit régulier de cailloux à la base..................... 1.00 à 2.50
3. Sable argileux jaune ou rouge vif..................... 0.80 à 1.50
4. Sable quartzeux, non micacé, très fin, jaune et blanc avec rares galets disséminés........... 2.50

Les 3 sablières que nous avons visitées sur la feuille de Rouen y figurent avec la notation e_{iv} (Argile plastique); elles sont identiques à celles que nous avons décrites ou représentées dans le Pays de Thelle (fig. 5, p. 10). Nous ne pensons pas que cette notation puisse être acceptée : si l'absence de fossiles dans ces sables rend assez difficile leur attribution à l'une des assises de l'éocène inférieur, en comparant la condition de gisement et l'aspect minéralogique de ces sables avec ceux dont l'attribution est certaine au nord à Warluis, ou plus au sud vers Loconville, au S.-O. dans le bois de Montpéreux, ou mieux encore, vers l'est au coteau de Grandfresnoy, on est conduit à les rattacher à la partie supérieure de l'horizon de Bracheux. En ces divers points les galets sont toujours ronds et très gros, tandis que ceux de l'argile plastique, au moins dans la région qui nous occupe, sont beaucoup plus petits et aplatis: ce sont les premiers qui ont été repris, usés et diminués pendant la période suivante. On sait d'ailleurs que les sables jaune-clair, fauves ou roux avec filets argileux, rognons de grès et galets de la craie, qui s'étendent en grande nappe au pied de la falaise du Vexin vers Loconville, Bachivillers et Fresneaux-Mont-Chevreuil, ont fourni les fossiles ordinaires des sables de Bracheux, e_{va} : *Ostrea Bellovacina*, Lmk.; *Cardita multicostata*. Desh ; *Lucina grata*. Defr. [1]

De nouveaux gisements de ces sables ont encore été indiqués ou développés au sud de ce plateau, notamment à Boissy-le-Bois, Fresneaux, Méru, Fosseuse, Mesnil-St-Martin, Fresnoy-en-Thelle et Morangles.

III. Lignites. e_{ivb}. — Si nous remontons le cours de l'Oise jusqu'à la plaine basse qui s'étend sur plus de 15 kilom. depuis Monceaux jusqu'à Verberie, nous retrouverons au milieu de cette plaine une grande nappe de sables quartzeux jaune-clair qui se distinguent des précédents par leur âge, certainement plus récent. L'ancienne carte leur avait très judicieusement affecté la notation e_{iv} de l'argile plastique. Ils appartiennent non à l'horizon de *Bracheux*, comme nous l'avons souvent entendu affirmer, mais bien à celui de *Sinceny*, qui en est séparé par toute la formation des *Lignites*. Pour s'en convaincre, il suffit d'étudier la coupe que nous avons relevée entre la cendrière de Sarron et la butte de Grandfresnoy.

A Sarron la cendrière nous montre actuellement, en partant du niveau actuel et en s'élevant dans la série :

Niveau de l'Oise (27 m.).

8. Lignites avec *Cerithium funatum*, Mant. *C. turbinoides*, Desh. *Neritina (Nerita) consobrina (pisiformis)*, Ferr. *Cyrena cuneiformis*, Ferr. *Ostrea Bellovacina*, Lmk.

7. Argile grise, cendreuse, avec *cyrena cuneiformis*, Ferr.

A 200 m., au N., la tranchée du chemin de fer, nous présente de bas en haut :

7. Argile grise, cendreuse, la même qu'à la cendrière, 3,20.

6. Sable jaune avec débris de grès 3 m., et dans le Bois du Poirier, 3,50.

5. Argile plastique grise 3 m., dans le Bois du Poirier à l'altitude 46, elle atteint 4,50.[2]

[1] Graves, *Topographie géognostique de l'Oise*, page 194.

[2] M. le baron de Montreuil qui a fait faire des sondages dans les dépendances du château de Villette nous en a très obligeamment communiqué les résultats. Plusieurs sondages ont montré l'existence au-dessous des sables d'une argile plastique gris-jaunâtre légèrement sableuse.

Après avoir traversé ce bois, on marche jusqu'au-delà du ruisseau, sur des alluvions tourbeuses, puis on voit apparaître d'autres sables jaunes, également sans fossiles qui s'étendent jusqu'au pied de la Butte de Grandfresnoy.

En ce point, altitude 51 m., une sablière nous montre la base de ces sables, très chargés de glauconie.

Si nous nous élevons vers le sommet de la Butte, nous rencontrons un premier niveau de gros galets ronds, à la cote 70; puis nous constatons que la couleur verte des sables s'atténue, devient jaunâtre ; vers l'alt. 75 m. les sables devenus jaune-clair, empâtent un deuxième niveau de galets ronds assez gros.

En continuant à monter, on voit à l'altitude 76:

8. Lignites, 1 m. 24 à 1 m. 64.

Comprenant :

a. Lignite noir, grisâtre un peu sableux.	0.60
b. Sable blanc veiné de gris. . . .	0.12
c. Sable ferrugineux	0.02
d. Lignite sableux, en lits de 8 à 10 centim. séparés par des filets ferrugineux 0,50 à	0.80
e. Plaquettes de grès, 0,02 à . . .	0.10

7. Lit de coquilles brisées, principalement des cyrènes avec poches de marne argileuse, grise et blanche, 0,10 à 0,35.

Ravinement.

6. Sables jaunes, sans fossiles, 8 m.

5. Argile plastique grise avec *cyrènes*, *mélanopsis*, *cérites* et *huitres*, 2,40.

4. Sable fin jaune clair, 3 m.

3. Argile plastique jaune avec *cyrènes*, *cérites* et *huitres*, généralement mal conservés, 1 m.

2. Sables de Cuise, avec lits argileux à la base s'élevant jusqu'au sommet du coteau à l'altitude 114 m.

1. Débris de calcaire grossier, cristallin rougeâtre (en grande partie exploité et enlevé).

L'examen de la coupe de Grandfresnoy nous montre :

Que la craie (11) est très voisine du point bas de la Butte, cote 51 ; elle est en effet visible sur le flanc ouest, où elle est recouverte par le conglomérat à silex verts (10) ;

Que les sables (9), verts en bas, jaunes dans le haut, renfermant des lits de gros galets arrondis, sont inférieurs aux Lignites, appartiennent par conséquent à l'horizon de Bracheux e_{vb}, et que leur épaisseur ne dépasse guère ici 25 à 28^m;

Que l'étage de l'argile plastique, représenté par les couches 8 à 3, atteint une épaisseur de 16^m. Le sommet de la couche noire à lignite, que nous avons vu à Sarron, au niveau de la rivière (27^m), se retrouve sur les pentes de Grandfresnoy à la cote 76, ce qui, pour une distance de 6 kilom. donne une pente vers l'Oise d'environ 8 millimètres par mètre. La couche (7) d'argile grise cendreuse, avec cyrènes, se retrouve de même au-dessus de la précédente, mais remaniée et réduite d'épaisseur, de manière à constituer une sorte de falun coquiller.

Le remaniement dont cette couche a été l'objet est marqué par la ligne de ravinement qui la surmonte et qui sépare ainsi les lignites e_{ivb} des couches 6 à 9 que nous attribuons à l'horizon de *Sinceny* e_{iva}. Celui-ci comprend : les couches 6 et 5, déjà vues au Bois du Poirier, dans le talus de la voie ferrée, la couche 8 superposée aux précédentes, et celle n° 3 qui est très fossilifère, ensemble 14^m40.

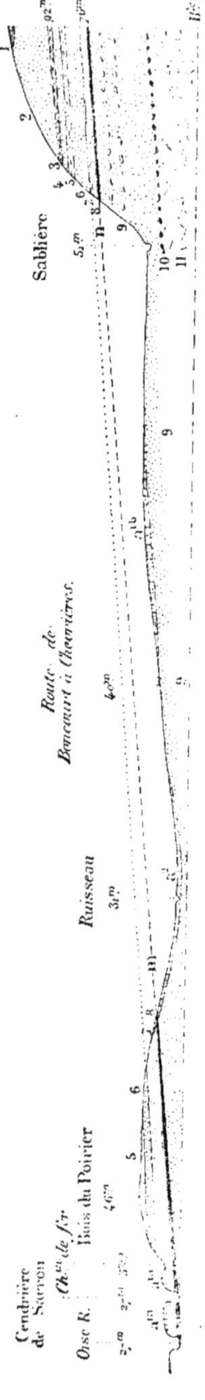

Fig. 7.

S. Coupe N. S. allant de la Cendrière de Sarron à la Butte de Grandfresnoy. N.

11. Craie ; 10. Conglomérat à silex verts ; 9. Sables de Bracheux ; 8. **Lignites** ; 7. Argile grise cendreuse à *cyrena cuneiformis* ; 6. Sable jaune avec débris de grès ravinant 7 ; 5. Argile plastique grise à *cyrènes* et *mélanopsis* ; 4. Sable jaune fin ; 3. Argile plastique jaune avec *cyrènes*, *cerites*, *huitres*, etc. ; 2. Sables de Cuise à veinules argileuses ; 1. Calcaire grossier glauconieux ; a^{1a}. Diluvium de l'Oise ; a^{1b}. Limon ; a^2. Alluvions modernes ; **mn.** limite inférieure des Lignites.

Il suffit de comparer la disposition de ces 4 dernières couches avec les coupes données précédemment pour d'autres localités par MM. Dollfus, Hébert et de Mercey [1] pour reconnaître que leur attribution à l'horizon de Sinceny est bien justifiée.

L'étage des **Lignites** $\mathbf{e}_{ivb}$ a été sensiblement étendu dans l'angle N.E, de la feuille entre Braisnes et Autheuil aux dépens des sables de Bracheux; ceux-ci au contraire sont plus développés au S.O., et exploités près de Braisnes à mi-hauteur des pentes crayeuses descendant vers Monchy.

Nous signalerons également de l'autre côté de l'Aronde, vers le chemin d'Estrées-St-Denis à Eraine, l'existence d'un mamelon d'argile plastique servant à la fabrication des tuiles, et qui présente la coupe suivante du haut en bas :

Limon argileux.	0.40
Argile grise, veines jaunes. . . .	0.50
Argile jaune, légèrement sableuse .	0.20
Argile violette, compacte. . . .	0.25
Sable fauve, légèrement mêlé d'argile	0.65
Argile bariolée jaune et rouge. . .	1.30

Les couches s'inclinent de 10° vers le N. et vont reposer en s'amincissant sur un pointement de craie à surface déchiquetée, par l'intermédiaire d'une couche d'argile à silex de 0.20 d'épaisseur.

Des grès à pavés de la partie supérieure de l'étage ont été autrefois très activement exploités autour de Pronleroy.

La vallée de la Brèche, à son confluent avec l'Oise, ne nous montre plus les couches de l'argile plastique. Elles y sont recouvertes par 23ᵐ de sables de Cuise [2] mais l'ascension

[1] *Bull. Soc. Géo. de Fr.* 3e série, t. VII, pages 404 et 610.

[2] G. Dollfus; *Bulletin de service de la Carte géol.* no 14, p. 38.

des couches vers le N. dans un ordre inverse du pointement d'Eraine les ramène au jour près de Nogent-les-Vierges où un sondage les a traversées sur 28m d'épaisseur. Les argiles à cyrènes affleurent à la gare de Liancourt à l'altitude de 47 mètres, accusant une fois de plus le plongement vers le sud de 8 mill. par mètre déjà constaté au N.E. de la carte. Elles présentent des plissements depuis longtemps signalés par d'Archiac et de Verneuil [1], et qui montrent le diluvium à cailloux roulés participant aux ondulations des argiles sous-jacentes. Celles-ci, exploitées plus haut, à la Maison-Blanche, s'étendent aux dépens des Sables de Bracheux dont les contours réduits sont reportés vers la voie ferrée qui les entame fortement à Giencourt.

L'argile plastique diminue d'épaisseur dans la vallée du Thérain; à Hermes elle n'a plus que 10m 50, et se présente dans l'ordre ci-après :

	Alluvions modernes, argilo sableuses	2.00
Diluvium:	Limon jaune clair, légèrement calcaire.	1.00
	Cailloux et galets roulés	2.50
Alt. 45 m.	Argile grise sableuse.	3.00
	Sable mouvant, gris.	2.00
	Argile lignitense mêlée de sable	2.00
Argile plastique :	Argile bariolée grise, jaune et rougeâtre avec huîtres et cyrènes	1.50
	Argile noirâtre	1.00
	Glaise bleue compacte	1.00
	Sable gris, très quartzeux	3 »

Niveau de l'eau jaillissante : 49m50.

Il reste au dessous environ 10 mètres de sables gris verdâtres (Bracheux) pour atteindre la craie à l'altitude + 21m environ.

Depuis Hermes jusqu'à Bonchon les couches argileuses se relèvent vers l'anticlinal du Bray et donnent lieu à la formation d'étangs importants dans la vallée du Sillet [2] ; elles remontent également entre les bois de l'Epine et les Godins jusqu'à peu de distance du chemin de Mattencourt qui doit rester dans les sables de Cuise e_{III}.

Nous avons rapporté à l'étage de l'argile plastique un dépôt argileux contenant des débris pyriteux, des veines charbonneuses avec débris de végétaux, exploité à Haudivillers pour la fabrication des pannes. La base de ce dépôt n'est plus visible en ce point, mais près de Valescourt un dépôt semblable repose sur l'argile à silex verts scoriacés qu'on traverse par puits sur 10 m. environ pour aller exploiter la marne destinée à l'amendement des terres.

1 *B. S. Géol. de Fr.* 2e série, t. II, page 336.
2 Excursions géologiques aux environs de Beauvais, par Ch. Janet et J. Bergeron.

Coupe de l'argilière d'Haudivillers.

1. Limon gris avec cailloux éclatés à la base en lit régulier	0.70
2. Argile bariolée, plastique, en haut, sableuse en bas, grise, panachée de rouge et de jaune	0.90
3. Argile sableuse, efflorescences, cendres et empreintes et débris végétaux 0.50 à	1.20
4. Argile rougeâtre, compacte.	0.03
5. Argile grise.	0.02
6. Sable argileux, jaune et rougeâtre	0.10
7. Argile grise, cendreuse, débris végétaux, veinules ferrugineuses.	1.20

Dans une carrière voisine, les couches argileuses sont beaucoup plus compactes qu'ici, et la craie blanche à *Ananchytes carinata* var. carénée existe à 1 ou 2 m. au-dessous.

Enfin, sur la rive gauche de l'Oise, entre Verberie et Pont-Sainte-Maxence, les sables argileux à petits galets noirs en amande, que la route entame sur plus de 4 m. en face de Saint-Germain, nous permettent de souder les anciens contours de l'argile plastique et d'accentuer son entrée dans le vallon de Rorbeval. A Rhuis, un superbe menhir se dresse au bord de l'Oise, près de la cote 31.

IV. **Sables de Cuise** e_{III}. — Dans la vallée de l'Oise, les sables de Cuise constituent la masse principale des contreforts qui bordent la rivière. Ils reposent sur les argiles à *Cyrena cuneiformis*.

Vers Creil, un fragment de mâchoire d'un *Crocodilus*, voisin de *l'obtusidens*, Pomel, permet de conduire l'affleurement de ces sables jusque près du pont qui traverse l'Oise en aval ; ils s'enfoncent ensuite ou disparaissent sous les éboulis des grandes exploitations de Saint-Maximin, pour se relever au cap de Chaumont, où nous avons constaté leur existence sur une hauteur de plus de 10 mètres au-dessus de la rivière.

Ces sables existent encore en divers points des petites vallées qui découpent les plateaux du Vexin dans l'angle S. O. de la feuille. A Menouville et à Vallangoujard, au confluent de la Nonette et du Sausseron, ainsi que dans la vallée de la Viosne, entre Chars et Brignaucourt.

Au contraire, nous les avons supprimés près d'Amblainville, sur la butte de Grateleux, au sommet de laquelle nous avons trouvé *Cyrena cuneiformis*, Ferr., *Ostrea Bellovacina*, Lmk, avec les petits galets noirs des lignites.

Nous pensions également que l'interruption de leurs affleurements dans la vallée du Thérain à la hauteur de Cramoisy et de Saint-Wast était peu justifiée. Comme la pente générale des couches vers l'Oise est sensiblement égale à celle de Thérain, il nous a suffi de les rechercher à leur niveau probable pour reconnaître les couches à *Turr. edita* et à *Num. planulata* de part et d'autre de la vallée : à Cramoisy, elles s'élèvent à 8 m. au-dessus du niveau de la rivière ; sur l'autre rive, ils sont à la même hauteur et présentent la coupe suivante de haut en bas :

11.	Sable calcaire glauconieux à nodules grisâtres.	2.50
10.	Lit de cailloux de quartz noirs, verts et blancs, à.	0.10
9.	Plaquettes calcaires siliceuses, nodules gréseux, têtes de chat. . . .	0.60
8.	Sable gris verdâtre glauconieux.	1.00
7.	Sable quartzeux, vert.	0.10
6.	Filets argileux grisâtres, calcaire ferrugineux	0.10
5.	Sable gris bleuâtre.	0.18
4.	Sable fauve	0.30
3.	Sables à nodules gréseux	0.30
2.	Sable fauve, à *Turritella edita, Nummulites planulata*.	1.00
1.	Sable roux, fauve et gris	4.00

Les têtes de chat qui existent à la base de la couche 9, pénètrent dans celle inférieure, 10, et participent à la fois de la couleur des deux couches ; ces nodules sont roux dans la partie supérieure et verts dans la moitié inférieure.

Presque partout les sables de Cuise sont fossilifères. Une grande sablière à Villers St-Paul montre que leur limite supérieure doit être légèrement relevée vers le N. ; nous y avons trouvé :

Bulla (Cylichna) Bruguieri Desh ;
Ancillaria (Ancilla) canalifera, Lmk ;
Diastoma variculosa, Desh ;
Eulima subnitida, d'Orb :
Crassatella trigonata, Lmk ;
Corbula gallicula, Desh ;
C. striatina, Desh.

A Cinqueux, dans le nouveau chemin qui descend de Verderonne nous avons en peu d'instants relevé les fossiles ci-après, à 5^m,30 au-dessous de la base du calcaire grossier.

Pleurotoma decipiens, Desh.
Pl. Larteti, Desh.
Pl. expedita, Desh.
Voluta (Volutilites) elevata, Sow.
Rostellaria fissurella, Lmk.
Cerithium (Cerithiopis) Philippardi, Watt.
Solarium gratum (Eumargarita), Desh.
Natica labellata, Lmk.
N. separata, Desh.
Natica (Ampullina) semi-patula, Desh.
N. (Ampullina) sinuosa, d'Orb.
N. (Ampullina) paludiniformis, d'Orb.
Delphinula (Collonia) turbinata, Desh.
Modiola (Modiolaria) hastata, Desh.
Cardita (Venericardia) planicosta, Lmk.
Cytherea (Meretrix) proxima, Desh.
Cytherea (Meretrix) ambigua.

Le lit de sable glauconieux renfermant tous ces fossiles repose sur un banc de sable jaune à *Turritella edita (Turrit. Solanderi)*, Mayer-Aymar.

EOCÈNE MOYEN

I. Calcaire grossier

Le *calcaire grossier inférieur* et le *calcaire moyen* réunis sous la même notation e_{II} sont composés d'assises trop faciles à distinguer dans les nombreuses exploitations qui les entament pour que leurs contours aient besoin d'être sensiblement rectifiés. St-Maximin dans la vallée de l'Oise, et Cires-les-Mello dans la vallée du Thérain, constituent deux centres d'une activité considérable pour l'exploitation de ces matériaux qui s'y présentent avec des qualités et des dimensions vraiment remarquables.

Nous nous bornerons à signaler l'extension du calcaire grossier moyen à l'E. de la forêt de Coye jusqu'à la fontaine d'Orry; dans la vallée de l'Oise il a été également mis à découvert par les exploitations qui bordent la crête du plateau entre Roberval et Saintines. Sur la rive opposée, à Armancourt, nous en avons figuré un lambeau isolé au sommet du mamelon sableux ; tandis que plus au S. à Monceaux, un autre contour de e_{II} doit disparaître de la butte sableuse cotée 64, que l'on traverse pour se rendre de Cinqueux à Bazicourt.

Enfin, nous rappellerons qu'au Fayel, commune de Cauvigny, sur le chemin qui monte à Mouchy-le-Châtel, l'escarpement est constitué par des sables de Cuise surmontés par le calcaire grossier inférieur qui est très peu épais; le contact a lieu vers la cote 99m. Un peu au-dessus, le calcaire grossier moyen sableux, pulvérulent est très fossilifère, et nous a fourni les espèces suivantes, parfaitement conservées :

Tornatella (*Acteon*) *Ferrusaci*, Desh.
Bulla cylindroides, Brug.
Ringicula ringens, Desh.
Conus parisiensis, Desh.
Pleurotoma bicatena, Lmk.
Pl. (*Cryptoconus*) *lineolata*, Lmk.
Cancellaria costulata, Lmk.
Ancillaria (*Ancilla*) *buccinoides*, Lmk.
A. (*Ancilla*) *canalifera*, Lmk.
Marginella crassula, Desh.
M. contabulata, Desh.
Voluta (*Volutilites*) *spinosa*, Lmk,
Mitra elongata, Lmk.
— *labratula*, —
— *fusellina*, —
Fusus aciculatus, Lmk.
F. (*Clavilithes*) *longevus*, Lmk.
F. (*Clavilithes*) *Noe*, —
F. (*Syphonalia*) *scalaroides*, Lmk.
Buccinum (*Metula*) *decussatum*, Lmk.
Typhis tubifer, Montfort.
Triton viperinum, Lmk.
— *inornatus*, Desh.
Cassis cancellata, Lmk.
Cassidaria (*Morio*) *nodosa*, Dixon.
Strombus Bartonensis (*ornatus*), Sow.
Rimella canalis, Lmk.
Cerithium striatum, Brug.
— *lamellosum*, Brug.
— *inabsolutum*, Desh ;
— *imperfectum*, —
C. (*Cerithiopsis*) *cancellatum*, Lmk.
C. (*Trypanaxis*) *perforatum*, Lmk.
Diastoma costellata, Desh.
Turritella imbricataria, Lmk.
— *subula*, Desh.
T. (*Mesalia*) *incerta*, Desh.
T. abbreviata, Desh. = (*Mesalia brachyteles*, Bayan).
Solarium plicatum, Desh.
— *ammonites*, Lmk.
Rissoina clavula, Desh.
Keilostoma minus, Desh. = (*Paryphostoma*).
K. (*Paryphostoma*) *turricula*, Desh.
Pileopsis (*Capulus*) *patulus*, Desh.
Hipponix cornu-copiæ, Lmk.
Calyptrea lamellosa, Desh.
Xenophora confusa, Desh.
Natica perforata, Desh.
— *Caillati*, Desh.
— *semi-clausa* (*hemipleres*), Sow.
— *obliquata*, Desh.
— *epiglottina*, Desh.
— *cepacea*, Lmk.
N. (*Ampullina*) *patula*, Lmk.
N. (*Ampullina*) *sigaretina*, Lmk.
N. (*id.*) *acuminata*, Lmk.
Sigaretus clathratus, Gmelin.
Pyramidella terebellata, Fer.
Nerita mammaria, Lmk.
Phasianella parisiensis, d'Orb.
Turbo denticulatus = (*Solariella odontata*), Lmk.
T. (*Gibbula*) *fraterculus*, Desh.
Delphinula calcar, Lmk.
D. (*Collonia*) *striata*, Lmk.
D. (*Collonia*) *marginata*, Lmk.
Emarginula (*subemarginula*) *radiola*, Lmk.
Dentalium striatum, Sow.
— *substriatum*, Desh.
Pecten Prevosti = (*Chlamys subornata*), d'Orb.
Arca interrupta, Lmk.
— *angusta*, —

Arca quadrilatera, Lmk.
Limopsis granulatus, Lmk.
Limopsis nana, Lmk.
Nucula subovata, d'Orb.
Cardita asperula, Desh.
Crassatella trigonata, Lmk.
Erycina (Kellia) radiolata, Lmk.
Cardium verrucosum, Desh.
C. obliquum, (var. *Bouei*), Lmk.
C. (Divaricardium) parisiense, d'Orb.
Chama calcarata, Lmk.
— *lamellosa*, Lmk.
Cytherea (Meretrix) lævigata, Lmk.
C. (Meretrix) nitidula, Lmk.
Venus texta, Lmk.
— *scobinellata*, Lmk.
Lucina Caillati, Desh.
Tellina rostralina, Lmk.
Syndosmia pusilla, Desh.

Calcaire grossier supérieur e_4

Les contours du Calcaire grossier supérieur e_4 ont été modifiés en plusieurs points. Au S.-O. dans le Vexin, l'étage occupe toute la plaine de la cote 102, à l'E. de La Villetertre : il diminue d'étendue au S. d'Haravilliers, la route de Pontoise ne le traversant qu'en un point, au ravin de la cote 89, où les marnes lacustres du sommet sont exploitées pour l'amendement des terres trop siliceuses des environs.

Sur le plateau de Mouchy, il existe vers la cote 107, au coude de la route de Mouy, à la ferme Janville et à Pérel ; mais il prend une plus grande extension sur l'autre rive du Thérain où le plongement des couches vers la vallée, les amène au jour à une altitude qui fait descendre presque tous les contours du plateau. Sur la route d'Angy à Clermont, vers la cote 129, nous avons relevé les fossiles suivants :

Pleurotoma (Cryptoconus) filosa, Lmk.
Ancillaria (Ancilla) buccinoides, Lmk.
Fusus (Tritonidea) costulatus, Lmk.
Cerithium denticulatum, Lmk.
C. (Potamides) semi-coronatum, Lmk.
C. (Potamides) tricarinatum, Lmk.
C. tiara, Desh.
C. (Potamides) Bonelli, Desh.
C. inabsolutum, Desh.
C. (Potamides) cinctum, Brug.
C. (Potamides) tristriatum, Lmk.
C. (Potamides) interruptum, Lmk.
C. (Lampania) echinoides, Lmk.
C. (Potamides) cuspidatum, Lmk.
Melania (Bayania) lactea, Lmk.
Natica (Ampullina) parisiensis, d'Orb.
Ostrea flabellula, Lmk = (*plicata*, Solander).

Le calcaire grossier supérieur à l'état de plaquettes sonores très dures, est encore exploité au Plessier-Bilbaut, à Auvillers, à Cambronne lès-Clermont.

De l'autre côté de l'Oise, dans le Valois, sa limite supérieure a été rapprochée de Senlis vers la lisière S.-E. de la forêt de Halatte, comme elle l'a été de Mont-l'Evêque sur la rive droite de la Nonette, où les couches à *Potamides cristatus* paraissent au fond du thalweg, près des dernières maisons du village. La faible pente de ces couches vers le S. ne les fait disparaître que bien au delà de la route de Fontaine, où elles atteignent l'altitude 72^m, ainsi que le montre la coupe de la fig. 8. Plus au S. entre Thiers et Pontarmé leur limite a été également reportée vers l'O. de plus de 2 k., tout cet espace étant occupé par les sables de Beauchamp.

Fig. 8.

Coupe d'une carrière de calcaire grossier supérieur à Mont-l'Evêque.

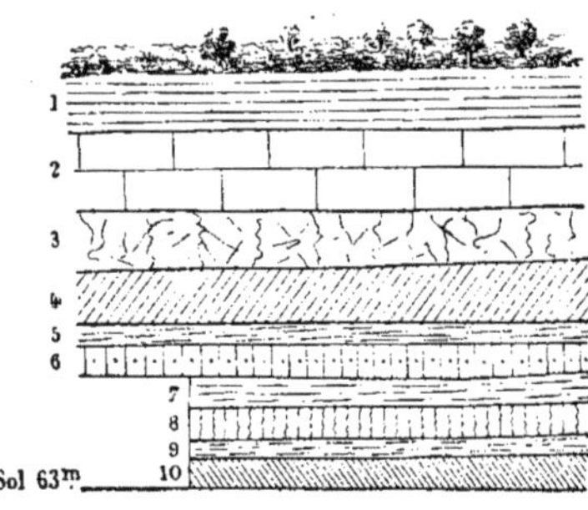

1. Calcaire grossier en plaquettes minces, caillasses 1.00
2. Calcaire très dur, *banc de friche*. . 1.50
3. Marne tendre, *banc de tuf*, 0m,90 à. 1.00
4. Banc de roche, *dur*, 0m,90 à . . 1.00
5. Marne tendre, *banc de tuf*. . . . 0.30
6. Banc gris, dur, se moye en deux. 0.70
7. Marne tendre, *souchet* 0.50
8. Banc blanc, *doux*. 0.60
9. Calcaire tendre 0.30
10. Banc fin, cliquart, *Liais de Senlis* . 0.50

II. Sables de Beauchamp.

Les sables et grès de Beauchamp sont largement développés dans la plaine du Valois qui occupe l'angle S.-E. de la feuille. Leur épaisseur, sous le plateau de Montépilloy atteint 45 mètres, mais elle diminue constamment vers le S. et vers l'O.

Nous venons de voir que vers la limite O. de la forêt d'Ermenonville, leurs contours doivent être reportés jusqu'au delà de l'ancien Bois Bourdon, aujourd'hui défriché et où ils sont exploités en plusieurs points. Dans la forêt d'Ermenonville, ils sont très fossilifères : l'horizon supérieur y est représenté par des sables calcaires à veines argileuses verdâtres, renfermant :

Cerithium tuberculosum, Lmk.
C. (*Potamides*) *tricarinatum*, Lmk.
C. angustum, Desh.
Cytherea cuneata, Desh = *Meretrix sphenarium*, Bayan.

Au-dessous, un banc gréseux, pétri de *cytherea distans*, Desh, repose sur des sables blancs contenant en grand nombre les espèces habituelles de l'horizon moyen :

Ancillaria (*Ancilla*) *obesula*, Desh.
Buccinum (*Metula*) *Andrei*, Bast.
Siliquaria (*Tenagodes*) *multistriata*, Defr.
Cerithium tiarella, Desh.
C. mutabile, Lmk.
C. (*Potamides*) *mixtum*, Defr.
C. crenatulatum, Desh.
C. (*Lampania*) *Bouei*, Desh.
Oliva (*Olivella*) *Laumonti*, Lmk.
Turritella (*Mesalia*) *incerta*, Desh.
Melania (*Bayania*) *substriata*, Desh
Melania (*Bayana*) *hordacea*, Lmk.
Calyptrea trochiformis, Lmk.
Natica Hantoniensis, Pilk.
Natica epiglottinoides, Desh.
N. (*Ampullina*) *abscondita*, Desh.
Delphinula (*Collonia*) *turbinoides*, Lmk.
Dentalium grande, Desh.
Trigonocœlia (*Trinacria*) *media*, Desh.
Cardita divergens, Desh.
Cardium obliquum, var. *Bouei*, Lmk.
Cytherea (*Meretrix*) *lævigata*, Lmk.
C. — *distans*, Desh,
C. — *elegans*, Lmk.
Venerupis oblonga, Desh.
Corbula gallica, Lmk.
Lucina elegans, Defr.

Enfin, d'autres, plus spécialement propres à la zone inférieure :

Fusus (Clavilithes) scalaris, Lmk.
F. (Melongena) minax, Lmk.
F. (Sycum) bulbiformis, Brander.
Pyrula (Sycum) bulbus, Desh.
Turritella copiosa, Desh.
Cytherea (Meretrix) Parisiensis, Desh.
C. (Meretrix) striatula, Desh.

Nous avons ajouté divers lambeaux de l'assise e^1 dans la plaine calcaire au S. de Montgrésin, et dans la forêt de Chantilly, au carrefour de la Vignette, près duquel on rencontre des grès tabulaires à Corbules. Dans la forêt d'Halatte, les *sables moyens* sont exploités à Apremont pour les fonderies de Montataire, à Aumont et à Fleurines pour la fabrication des bouteilles dans les usines du Nord. L'horizon inférieur qui commence par des marnes verdâtres n'est pas visible ; seuls les horizons moyen et supérieur sont exploités sur une hauteur de près de 30m; ils renferment des poches argileuses qui semblent être un résidu de décalcification. A Villeneuve sur Verberie, les marnes du niveau inférieur servent à la fabrication des tuiles et tuyaux de drainage. Les sables sont à Huleux au pied du Cornon, compris entre les altitudes 100 et 145 mètres.

De l'autre côté de la Nonette, ils occupent toute l'étendue des bois du Perthe et de Montlognon où ils sont surmontés par des grès qui fournissent des pavés assez estimés. Les contours des sables de Beauchamp ont dû être relevés sur les bords du plateau compris entre les deux branches de la Nonette qui se rejoignent à Montlognon. En face de Versigny dans le Bois du Val, ils s'élèvent jusqu'à la côte 112, et vers l'O., englobent le plateau boisé de la cote 118.

Pour achever les rectifications de leurs contours il nous faut rejoindre l'angle opposé de la feuille et nous élever sur les pentes du

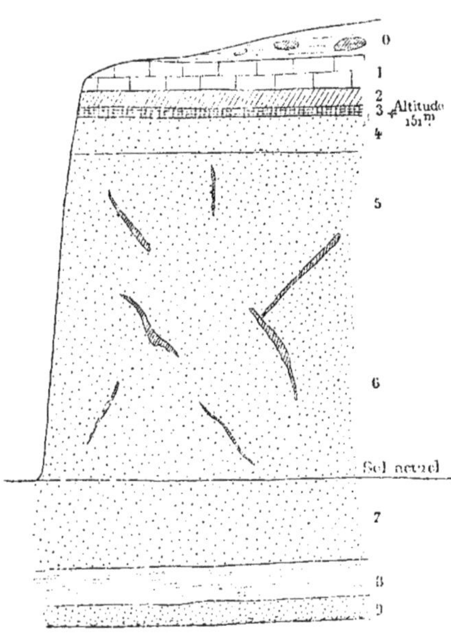

Fig. 9.
Coupe de la grande sablière de Fleurines

Calcaire de St-Ouen

1. Calcaire marneux, à *Limnea longiscata*, *Cyclostoma mumia*, *Tellines* et marne blanche (remaniés).
2. Calcaire dur à *Potamides* et à *Melanopsis* exploité pour empierrement 1,50
3. Calcaire tendre à *Limnea longiscata*, *Bithinia subulata B. tuba*. *Achatina Cordieri*, *Planorbes*, *Chara* 1.00
4. Calcaire tendre sans fossiles 0,60

Sables de Beauchamp.	Niveau supérieur Mortefontaine	5. Sable vert clair	1m 00
		6. Sable ligniteux, noirâtre, veines argileuses. 10 m. à	12 00
	Niveau moyen Beauchamp.	7. Sable blanc quartzeux, veines d'argile grise 18 m. à	20 00
	Niveau inférieur Auvers.	8. Sable vert au-dessous du sol actuel, 4 à . .	5 00
		9. Argile verte, visible à l'O de la route. . .	2 00
		10. Sable ferrugineux et cailloux roulés à la base	2 00

Vexin. Vers la pointe orientale du département de Seine-et-Oise, le mamelon portant les bois de Grainval, qui semble par son altitude appartenir à l'étage de Beauchamp est uniquement constitué par les couches à *Cerithium denticulatum*, Lmk, du calcaire grossier supérieur qu'on exploite à fleur du sol pour l'empierrement des chemins ; nous avons supprimé le contour e^1 qui entourait ces bois.

A l'O. du Sausseron, entre Theuville et Berville, le plateau est jalonné de blocs de grès roux reposant sur des sables jaune clair où nous avons trouvé :

Cytherea striatula Desh.	*Delphinula turbinoides* Lmk.
— *elegans* Lmk.	*Trochus margaritaceus* Desh.

On retrouve les Sables moyens sur la route de Pontoise à Beauvais qui les traverse dès l'origine du Bois Thierry, au bord S. de la carte, jusqu'au vallon de la cote 89, où se trouve la marnière déjà citée page 19 ci-avant.

La route les entame encore au-delà de la carrière jusqu'aux premières pentes d'Hénonville et de Neuvillebosc, où nous avons sur plusieurs points restreint ou étendu leurs limites : Au mamelon 147 nous n'avons pu voir que des Sables moyens, tandis que nous avons au contraire constaté leur absence sur le point 141 où affleurent les caillasses du calcaire grossier supérieur.

Sur la gauche de cette route s'échelonnent les célèbres gisements du Ruel, de Quoniam, de Cresnes et de la Croix St-Mathieu, qui ont été l'objet de travaux remarquables, en même temps qu'ils enrichissaient de précieuses collections [1]. Une de celles où nous avons le plus souvent puisé d'utiles enseignements appartient à M. le Dr Bezançon qui voudra bien accepter ici le témoignagne de nos plus affectueux remerciments. MM. l'abbé Barret et Cloez y ont signalé l'existence de l'horizon de Mortefontaine, dans une carrière montrant le contact des Marnes infra gypseuses avec les sables moyens. Nous en donnons la coupe détaillée ci-après, page 25.

D'autres gisements non moins intéressants existent sur le versant O. des Buttes de Rome et de Marines, le long de la route de Marines à Chars et à Chavençon. Un sondage opéré dans la plâtrière Lafon à Neuilly, a montré l'existence au-dessus des sables moyens, d'un horizon de galets noirs qui atteste la proximité de leur ancien rivage. On le retrouve à Chavençon, à Cresnes, à la Croix St-Mathieu [2]. Dans cette région, la limite inférieure des sables moyens a

[1] Voir : de Raincourt et Munier-Chalmas, de Boury etc., *Journal de Conchyliologie* : Cossmann : *Catalogue illustré des coquilles fossiles éocènes*, 1888 : E. Barret et Ch. Cloez : *Mémoires de la Société Académique de l'Oise* : Beauvais 1888 : *Bulletin de la Soc. Géol. de France*.

[2] L'Abbé Barret et Ch. Cloez.

été rapprochée de Chars, au S.-O. en même temps qu'elle s'éloignait davantage au S.-E., dans la direction de Marines.

Nous avons supprimé ces sables au mamelon 101 sur la rive gauche du chemin de fer de Dieppe, et diminué leur importance dans le bois du Bochet, tandis que nous l'étendions vers la gauche, dans la partie des bois de La Garenne comprise sur la carte de Beauvais, où nous avons pu constater que le calcaire de St-Ouen n'existait pas.

III. Calcaires et marnes de St-Ouen e^2.

Une des assises les moins développées sur notre feuille est le calcaire de St-Ouen qui n'existe qu'au sud du cours de l'Oise et d'une ligne qui le prolongerait de Creil à Marines.

A la tuilerie de Marines, sur la route de Pontoise, une sablière ouverte pour les besoins de la tuilerie, nous a présenté la coupe ci-après.

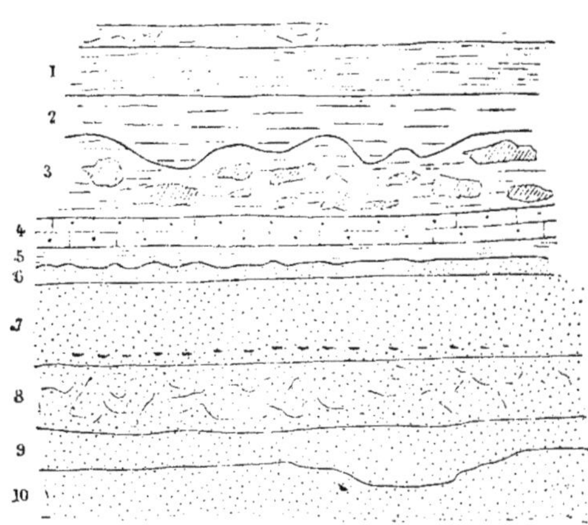

Fig. 10.

SV

	1. Limon gris argilo-sableux	0.60
	2. Limon roux, sableux, ravinant 3	0.75
	3. Plaquettes de calcaire dur, compacte, remanié, 0.40 à	0.90
Base du calcaire de St.-Ouen.	4. Calcaire gris, siliceux, dur, compacte, à cassure conchoïdale, avec *Paludestrina pusilla* 0.18 à	0.40
— Niveau saumâtre.	5. Marne blanche, friable, ravinant le sable 6, de 0.09 à	0.20
	6. Sable blanc à veinules ferrugineuses	0.12
	7. Sable vert clair — *Cytherea nitidula*, Lmk, — *C. elegans*, Lmk; — *Cardium obliquum*, Lmk. — *C. impeditum*, Desh.	1.00
	8. Blocs de grès dur et sable vert	0.90
	9. Sable vert foncé, 0.40 à	0.80
	10. Sable gris, quartzeux visible sur	3.50

Altitude 114 m.

Les assises 3, 4 et 5, dont l'épaisseur moyenne est d'environ 1m25, représentent le calcaire de St-Ouen très réduit, que nous avons revu un peu au delà du col sableux de la cote 112, dans une tranchée du chemin de fer de Marines à Valmondois; il existe également vers le Bois Thierry à droite de la route de Beauvais, et à mi-côte du mamelon des Tuileries (173), qui domine Ronquerolles, à 10 kilomètres vers l'O.

Si nous traversons l'Oise au sud de Creil pour nous diriger sur Apremont, nous le voyons occuper le petit plateau de la Haute-Pommeraye, où nous retrouvons les mêmes bancs qu'à la tuilerie de Marines, mais avec une épaisseur déjà plus grande, environ 4 mètres. Au S. et à l'E. de Fleurines, les limites du St-Ouen ont été étendues autour de la Butte St-Christophe sur les pentes de laquelle les assises supérieures à *Limnea longiscata*, Brong. *Planorbis goniobasis*, Sandb. = *Planorbis rotundatus*, Brard : *Hydrobia pusilla*, Desh. donnent lieu à une active exploitation. On l'exploite également sur la Butte de Cornon, où il a 10 m. d'épaisseur, et s'élève jusqu'à la cote 157.

Le plateau de Montépilloy à Rozières qui domine toute la plaine de Senlis, nous montre ce calcaire à une altitude un peu inférieure à 150 m. avec une épaisseur de 8 à 9 mètres. Nous avons relevé sa limite vers l'E. après avoir reconnu qu'on y avait englobé le *Calcaire de Ducy* bien visible à la montée de ce village vers la ferme de Beaulieu. Les assises de l'étage participant à l'inclinaison générale vers le S., leur altitude au-delà de la Nonette, n'est plus que de 118 mètres, et leur épaisseur déjà réduite à 4 ou 5 m.

Enfin dans la forêt d'Ermenonville, nous ne l'avons figuré qu'en un point, à la rencontre de la route du Prieur et du Pavé d'Avesnes. La tranchée de la route nous montre en ce point, appuyée sur des grès de Beauchamp, une assise de calcaire gris friable, légèrement jaunâtre, stratifié, se divisant en feuillets avec veinules de marne argileuse brune, et supportant des blocs de calcaire siliceux, dur, mêlés de silex bruns qui renferment des *Chara* et la *Limnea longiscata*, Brongn. Quelques blocs isolés de calcaire compacte, d'aspect siliceux, gisent çà et là dans le sud de cette forêt à l'aspect parfois si sauvage, mais ils ne se présentent nulle part avec assez de régularité pour constituer un affleurement susceptible d'être noté sur la carte.

EOCÈNE SUPÉRIEUR e^3

I. — Couches à Pholadomya Ludensis. — Les couches à Pholadomya Ludensis, Desh. ont été signalées depuis longtemps à la Butte de St-Christophe-en-Halatte où elles ont environ 4 mètres d'épaisseur, et sont surmontées de marnes et de calcaires marneux blanc-jaunâtres, 6 m. environ, dans lesquels le gypse de Paris parfois épigénisé en silice ou en calcite, est également représenté par un *calcaire siliceux à Corbules* d'une extrême dureté : aussi-est-il recherché pour l'empierrement des routes, concurremment avec les calcaires à limnées de l'étage inférieur. En dehors du mont Pagnotte où ces marnes infragypseuses existent également, nous ne les retrouverons plus que dans l'angle S.-O. de la carte, surmontées par quelques bancs de gypse.

II. — Le **Gypse** proprement dit n'existe en effet que dans le Vexin à Neuilly-Marines, dans le Bois de Chars et à Rayon près d'Haravilliers. Il se présente en lambeaux lenticulaires dont l'épaisseur varie de 5 à 8 mètres.

Depuis longtemps, le mamelon de Rayon est entièrement exploité ; il semble avoir été relié à ceux de Neuilly et du Bois de Chars, car on retrouve une couche de gypse dont l'épaisseur diminue d'ailleurs assez rapidement sur les pentes du Heaulme et aux Tuileries où elle n'a plus que $0^m,20$.

A Neuilly le gypse exploité est à la profondeur de 18 à 20^m, recouvert par 7 à 8^m de marnes que surmontent des *Sables supérieurs*. La coupe ci-après prise à la plâtrière Lafon présente de haut en bas la succession suivante :

1. Sables supérieurs de Fontainebleau, jaune clair . . 9 à 12^m00
2. Marnes vertes, puis marnes jaunes à *Cyrena semi-striata* et *cerithium plicatum*. . . 4 à 5.00
3. Marne verdâtre (*cordon*) . . 0.15
4. Marnes à rognons de strontiane (*les petits moutons*). . . 1.20
5. Marnes à gros rognons de strontiane (*les gros moutons*) 1.00
6. Marne bleue 0.30
7. Marne blanche 0.50
8. Marne feuilletée, tantôt verte, passant par places au jaune grisâtre (*chemise*) 0.60
9. Gypse exploité . . . . . . 5 à 6.00

Au dessous du gypse on a rencontré :

10. Sable grossier ferrugineux. 0.03
11. Marne blanche tendre . . 0.10
12. Marne argileuse noirâtre. . 0.05
13. Marne blanche, durcie compacte. 3.00
14. Sables et graviers à galets noirs. 0.50
15. Marnes blanchâtres. . . . 1.50
16. Banc quartzeux compacte. . 0.50
17. Marne argileuse 2.00
18. Sables 10.00

Les assises 10, 11, 12 et 13 représentent les marnes à *Pholadomya Ludensis* qui s'étendent au pied des buttes de Ronne et de Marines. La couche 14 représente le sommet des sables moyens, et les suivantes, les marnes argilo-sableuses du sommet des sables, bien plus épaisses ici qu'à Quoniam où elles n'ont guère plus de $0^m,65$ en moyenne, ainsi que le montre la coupe ci-après :

1. Marne jaune. 0.15
2. Marne blanche, traçante. . 0.20
3. Argile blanc verdâtre. . . 0.03
4. Marne blanche. 0.07
5. Argile fragmentaire verte et jaune. 0.05
6. Marne fragmentaire blanche. 0.35
7. Sable marneux. 0.35
8. Marne sableuse 0.25
9. Argile feuilletée blanc verdâtre. 0.0
10. Marne blanchâtre légèrement sableuse. 0.30
11. Marne blanche en haut, verte en bas à *Pholadomya Ludensis*. 0.40
12. Marne blanche durcie. . . 0.15
13. Sable argileux, jaunâtre, fossilifère. . . . . . . 0.40 à 1.30
14. Marne blanche 0.15
15. Marne argileuse verdâtre . 0.20
16. Sable fin, blanc, très pur . 0.12
17. Sable bariolé jaune et gris . 0.20
18. Sable noir ligniteux, visible sur 1.50

Les assises 1 à 13 appartiennent à la partie inférieure de l'étage du gypse : la couche 13 contient avec la *Pholadomya Ludensis* (Desh). *Cerithium* (*Potamides*) *tricarinatum*, (Lmk.) *C.* (*Lampania*) *pleurotomoides* (Lmk.): *Turritella copiosa* (Desh.); *Anomya pellucida* (*Psamatheis* Bayan; *Psammobia* (*Gari*) *rudis* (Desh); *P. neglecta* (Desh.): *Chama sulcata*. (Desh.). Dans la couche 14, MM. l'abbé Barret et Ch. Cloez ont reconnu la faune de l'horizon de Mortefontaine.

Pour suppléer à l'absence de fossiles dans les marnes du gypse nous avons relevé sur la route de Marines à Bréançon la coupe d'une marnière ouverte pour l'amendement des terres. Fig. 11.

Les mêmes bancs se retrouvent dans presque toutes les marnières de la région.

Fig. 11.

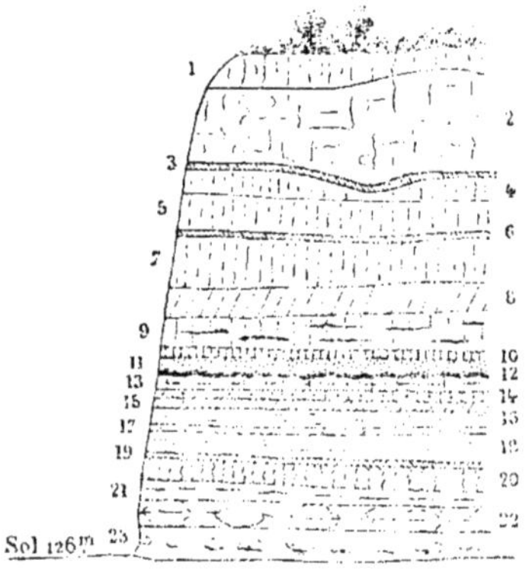

Marnière sur la route de Marines à Chavençon

1.	Marne vert jaunâtre	0.30
2.	Marne vert clair.	0.70 à 1.50
3.	Cordon ferrugineux.	0.03
4.	Marne vert clair.	0.15
5.	Marne blanc verdâtre.	0.40
6.	Cordon ferrugineux	0.05
7.	Marne blanc jaunâtre.	0.50
8.	Marne gris blanchâtre.	0.35
9.	Marne jaune grisâtre, feuilletée, veines d'argile noire compacte. . .	0.30
10.	Lit de gypse violacé, très dur épigénisé en silice.	0.08
11.	Sable quartzeux, gris, fin	0.04
12.	Sable grossier, ravinant le lit inférieur	0.04
13.	Marne blanche un peu argileuse.	0.25
14.	Marne blanche, veine d'argile noire.	0.12
15.	Marne gris-verdâtre, argileuse . .	0.15
16.	Marne blanche argileuse feuilletée.	0.26
17.	Argile ocreuse (veinule)	0.01
18.	Marne argileuse jaune verdâtre, feuilletée	0.24
19.	Cordon d'argile ferrugineuse. . .	0.01
20.	Marne grisâtre, prismatique. . .	0.20
21.	Argile jaune et marne grise (alternance d').	0.15
22.	Marne argileuse grise compacte. .	0.25
23.	Marne argileuse jaune à rognons calcaires, visible sur.	0.25

Le col qui sépare des Buttes de Ronne la Butte ou *Caillouer* de Marines, est constitué par les marnes du gypse dont le niveau supérieur est ici à 15 mètres au-dessous des marnes à *Ostrea cyathula*, Lmk sur lesquelles est bâtie l'église du Haulme.

Ces marnes qui s'élèvent à l'altitude de 135-139 mètres environ au pied des collines du Vexin, se retrouvent vers 156 mètres, à l'O. de Ronquerolles au mamelon des Tuileries dont le sommet couronné par les *Marnes vertes* est fortement entamé par les exploitations de terre à tuiles.

OLIGOCÈNE

Infra-tongrien m_{IIIb}

I. Marnes à cyrènes. — Les Marnes à Cyrènes existent sur les pentes du Mont-Pagnotte et de la Butte St Christophe, au mamelon des Tuileries de Ronquerolles comme autour des collines du Vexin.

A l'O. de St Christophe, sur le chemin qui nous a déjà montré les sables de Beauchamp, le calcaire de St-Ouen, et les Marnes à Pholadomyes, on voit paraître à l'altitude de 172 mètres une série de couches argileuses d'environ 3m25 d'épaisseur se présentant comme suit :

Marne gris-verdâtre	1m10	3m25
— blanche..	0m90	
— jaune, parfois grisâtre, contenant en débris : *Cyrena semi-striata*, Desh ; *Cerith. plicatum*, Lmk. *Bithinia (Nystia) plicata*, d'Archiac et de Verneuil.	1m20	

Si nous contournons la butte pour revenir à Senlis par un chemin N.S. que l'on suit sous bois. nous traversons la route de Fleurines à Villers St Frambourg, et nous remontons gagner l'entrée de la forêt. A 500 m. environ de la route de Fleurines nous voyons reparaître une marne jaunâtre, puis une marne gris-verdâtre, ayant chacune environ 1 m. d'épaisseur. Celle-ci contient *Cyrena semi-striata*, Desh ; *Cerithium plicatum*, Brug ; *Natica micromphalus*, Sandb. Ce sont les marnes de la coupe précédente qui, affleurant ici à une altitude inférieure de 12 mètres, nous permettent de prolonger vers le sud les contours du gypse, avec ceux du calcaire de St-Ouen, limités antérieurement au pourtour de la butte.

Etant donnée la distance qui sépare cet affleurement du précédent, environ 1,500 mètres, on remarque que l'inclinaison générale des couches oligocènes vers le sud est exactement la même que celle déjà constatée au nord de l'Oise pour les couches de l'éocène inférieur. La vallée de l'Oise, sur le parallèle de Pont St-Maxence, ne constitue donc pas un synclinal E.O. où se seraient déposés les sédiments de l'époque tertiaire. On sait, au contraire, que les couches plongent en même temps vers l'O., et c'est à la hauteur de Creil, par la vallée du Thérain, qu'il faut en chercher la direction.

Nous allons franchir une distance de 36 kilom. vers le sud-est pour retrouver les marnes à cyrènes au sommet du mamelon des Tuileries de Ronquerolles (173), qu'un nouvel intervalle de 12 kil. sépare du Caillouer de Marines.

II. Marnes vertes. — Les marnes vertes qui surmontent les couches à cyrènes déterminent sur les pentes des coteaux oligocènes de la feuille un niveau aussi précieux que facile à reconnaître. Sur cet horizon très constant sont bâtis presque tous les villages : Bréançon, La Verrière, Les Hautiers, Neuilly, Le Heaulme, Montmiry et Le Rosnel autour du Caillouer de Marines, tandis que le Clos-Ferraut, Rayon, Connebeau et St-Laurent, s'élèvent au même niveau sur les Buttes de Romme.

Ces marnes servent à la fabrication des tuiles. L'une des exploitations, située un peu au-dessus de Marines, présente la succession suivante :

Marnes à huitres.	1. Marne argileuse jaunâtre	0.25	= 0m51
	2. Id. blanche	0.10	
	3. Marne jaune verdâtre avec *Cythera incrassata*. et *Corbula subpisum*	0.16	

Marnes vertes.	4. Marne argileuse, vert-blanchâtre, à rognons de strontiane, légèrement sableuse	0.45	= 2m35
	5. Marne argileuse, jaune-verdâtre, à rognons de strontiane, légèrement sableuse	0.45	
	6. Cordon ferrugineux, oolites	0.03	
	7. Marne argileuse verdâtre	0.10 à 0.18	
	8. Marne blanche à nodules calcaires	0.17	
	9. Argile verte, filet ferrugineux intercalé	0.15 à 0.25	
	10. Marne violacée	0.15	
	11. Marne calcaire à dendrites de manganèse	0.07	
	12. Marne très argileuse, vert-foncé	0.40	
	13. Id. blanc-verdâtre	0.30	

Les bancs 7-10-12 et 13 sont seuls utilisés pour la fabrication des tuiles ; les autres renferment des matières étrangères, carbonate ou sulfate de chaux qui les rendent impropres à la cuisson.

D'autres exploitations sont ouvertes à mi-distance de Neuilly-Marines, vers la cote 140, et plus loin, entre Chavençon et Goupillon dans les bois de la Garenne, enfin aux Tuileries au-dessus du Ruel ; leur épaisseur assez uniforme ne dépasse généralement pas 2 mètres 50.

Le chemin qui descend des Tuileries à Rayon reste constamment sur les sables supérieurs, jusqu'au point bas, placé sur les marnes sableuses bariolées à *Ostrea cyathula* Lmk. Nous avons donc soudé le contour des marnes supragypseuses de Rayon à celui qui entoure les Buttes de Ronne.

TONGRIEN

Marnes à huîtres et sables de Fontainebleau m_{II}

Les marnes à huîtres. *Ostrea cyathula*, *O. longirostris*, Lmk, composées de marnes bariolées, jaune-ocreux, veinées de vert, plus ou moins sableuses, offrent à la base des sables de Fontainebleau, un horizon stratigraphique d'une régularité remarquable, bien que son épaisseur ne dépasse guère 2m à 3m50. — Elles passent insensiblement à une masse importante (23 à 27m) de sables jaunâtres, micacés, assez souvent colorés à la partie supérieure : ce sont les *Sables de Fontainebleau*. Des infiltrations calcaires ou siliceuses les ont par places transformés en grès qui se présentent ordinairement en blocs isolés ou en tables peu épaisses et de faible étendue (Neuilly-Marines). — L'extension des Sables de Fontainebleau, malgré leur épaisseur, est assez limitée sur la carte de Beauvais; ils n'ont qu'une faible importance industrielle en raison des grands espaces qu'occupent au pied des pentes les sables de Beauchamp beaucoup plus accessibles, et mieux utilisables ; aussi leurs affleurements sont-ils généralement couverts de végétation. Nous ne connaissons que deux sablières ouvertes à ce niveau : à Neuilly-Marines, vers la chapelle, et auprès du Heaulme; aucune d'elles ne nous a fourni de fossiles. Nous avons ajouté un pointement de sables reposant sur les marnes vertes, à peu de distance de Bréançon, sur la route de Grisy.

Les Sables de Fontainebleau couronnent la Butte de St-Christophe en Halatte.

avec une épaisseur de 5 à 6 mètres seulement, par suite de l'ablation qui a réduit l'altitude de ce mamelon à 187^{m}.

Mais ils s'élèvent jusqu'à 207 ou 208^{m} à l'extrémité orientale du mont Pagnotte, où ils ont été préservés des dénudations ultérieures par les calcaires et meulières qui les recouvrent.

AQUITANIEN

Calcaires et meulières de Beauce et de Montmorency m_{1}.

A 50 kilomètres de distance, les buttes situées au N. de Marines en Vexin, et le mont Pagnotte, qui s'élève entre Senlis et Pont-Ste-Maxence, sont couronnés par des calcaires mal stratifiés, disposés presque toujours en blocs isolés, plus ou moins siliceux, souvent transformés en meulière. Quelle que soit l'épaisseur du calcaire, l'altération qu'il a subie s'est partout produite avec une régulière intensité ; il n'est pas rare de voir un même bloc présenter à la fois les deux aspects ; en bas : calcaire jaune clair, compacte ; en haut : meulière rougeâtre, celluleuse, scoriacée, souvent recouverte d'un enduit brun-noirâtre.

La roche est empâtée dans une argile rouge bariolée, reposant sur un lit régulier de 0.10 environ d'une argile grise assez plastique qui tranche nettement sur la masse des sables qu'elle recouvre.

Le calcaire siliceux ou la meulière avec les argiles qui les enveloppent, se présentent sur ces mamelons avec un aspect assez semblable, et une épaisseur constante de 5 à 6 mètres environ. Par suite de l'absence de l'horizon de St-Ouen sur les Buttes de Marines, les calcaires siliceux et meulières supérieurs sont très activement exploités pour l'empierrement des routes auxquelles ils fournissent des matériaux d'excellente qualité. Nous avons constaté l'existence des meulières sur les Buttes de Ronne, au petit mamelon qui domine le cap avancé de St-Laurent, et sur les Buttes de Marines, au Mont-Maigre où elles sont à l'altitude de 192^{m}.

Les fossiles qu'on y rencontre sont souvent transformés en silice calcédonieuse d'un joli bleu d'opale : Limnées, Paludines, Planorbes, Helix, Pupa, Bithinies et graines de Chara.

TERRAINS QUATERNAIRES ET MODERNES

L'espace nécessairement limité dont nous disposons, nous oblige à passer rapidement en revue les diverses formations qui recouvrent celles que nous avons examinées jusqu'ici, nous réservant de les étudier par la suite avec plus de détails.

Alluvions anciennes a^{1a}. — Se composent de cailloux roulés, de galets, de graviers et de sable, avec intercallation de lits plus ou moins argileux, qui sont généralement exploités pour ballast, comme à Warluis dans la vallée du Thérain où ils sont à une altitude très élevée, notamment sur la rive droite ; dans celle de la Brèche, à Étouy ; dans la vallée de l'Oise, à Précy, Gouvieux, et surtout en amont de Pont-Sainte-Maxence, à Moru, où nous avons trouvé *Hippopotamus amphibius*, Linné. La ballastière de Moru a fourni à son exploitant une faune de grands vertébrés digne d'être étudiée par un paléontologiste compétent. Les alluvions anciennes, dans la vallée de l'Oise, ont été mises à découvert par les travaux qui s'exécutent en ce moment à Verberie, Compiègne, Sarron et Creil.

Limons. Les limons quaternaires a^{1b} sont argilo-sableux et très fertiles sur les plateaux tertiaires du Valois, et sur les deux rives du Thérain. Ils sont au contraire, très calcaires, plus maigres sur les pentes du Thelle et de la Picardie. Nous y avons trouvé des silex *moustiériens* à La Chapelle-aux-Pots et à Liancourt.

Dans la région crayeuse, ils renferment à leur base de nombreux silex brisés dont les angles, à peine émoussés, témoignent du voisinage de leur origine. Les silex proviennent de la craie sous-jacente dont la dissolution qui se poursuit encore sous nos yeux, donne au dépôt superficiel une composition argileuse de nuance ordinairement plus foncée.

Les limons argilo-sableux sont employés à la confection des briques ; les cailloux du limon à silex servent à empierrer les routes.

Les alluvions modernes a^2 sont formées de lits alternatifs d'argiles sableuses, de sables et de marnes ; les sables et les petits graviers empruntés généralement aux alluvions plus anciennes, s'y présentent avec un volume et des dimensions toujours plus réduits, notamment dans la vallée de l'Oise. La tourbe continue à se former dans les cours d'eau à pente douce comme le Thérain, la Troesne, la Brèche, mais c'est surtout dans les marais de Sacy-le-Grand et de Bresles que son exploitation atteint une réelle importance (5^m d'épaisseur). Parmi les fossiles qu'on y rencontre nous citerons notamment *Helix arbustorum*, Linné ; *H. ericetorum*, Müller ; *H. carthusiana*, Müller ; *H. hispida*, Linné ; *Succinea putris*, Desh ; *S. oblonga* : — *Limnea auricularis*, Linné ; *L. palustris*, Drap. ; *L. ovata*, Drap. ; *Planorbis complanatus*, Linné ; *Pl. corneus* ; — *Bithinia tentaculata*, Linné ; *B. oblonga*, Drap.

Paris, 24 juin 1891.

H. Thomas.

NOTE SUR LE TRIAS DE L'ARIÈGE ET DE L'AUDE

L'attention de la Société géologique de France a été appelée récemment sur le Trias des Corbières et des Pyrénées par le mémoire [1] de M. Jacquot et par une communication [2] de M. Carez ; il résulte de ces publications que les deux géologues se sont mis d'accord sur un point qui avait été l'objet de nombreuses controverses, à savoir que le Trias existe aux sources de la Sals, dans la région de Sougraigne.

Le débat étant clos, il ne me paraît pas inutile de le résumer et de faire rapidement l'historique de la question.

En 1834, M. Vène, ingénieur des mines, fit des recherches pour trouver une masse de sel gemme dont l'existence lui avait été signalée et analysa les eaux de la source. Ne connaissant pas les travaux de ce savant, il m'est impossible de dire s'il étudia cette localité au point de vue géologique.

En 1886, ayant eu l'occasion de visiter cette région, je fus conduit par des considérations lithologiques et stratigraphiques à attribuer au Trias une partie de ce qui existe dans le voisinage de la source [3]. L'année suivante, cette interprétation était admise par M. Viguier dans son grand travail sur le département de l'Aude [4], mais ce géologue contestait l'exactitude de la succession que j'avais donnée. A ce sujet, je crois devoir faire remarquer que dans ma coupe n° 2, je n'ai indiqué [5] aucune stratification entre K et L, me bornant à admettre en ce lieu l'existence de l'Urgonien, du Jurassique et du Trias.

A la même époque M. Roussel crut devoir rapporter au Cénomanien ce Trias de la source salée. En 1890, tout en figurant sur ce point des assises triasiques [6], il continuait à placer dans le Crétacé supérieur les marnes gypsifères et les cristaux de quartz ; il n'est pas rare, il est vrai, de trouver les éléments du Trias dans les roches détritiques du Cénomanien, ainsi que je l'ai remarqué dans l'Aude et dans l'Ariège.

[1] *Bull. Soc. géol. France*, 3e série, t. XIX, 1890.

[2] Compte-rendu sommaire S. g. Fr., 20 avril 1891.

[3] *Bull. S. g. Fr.*, 3e série, t. XIV. 1886, p. 638.

[4] ***Etudes géologiques sur le département de l'Aude***, Montpellier, Hollier, 1887.

[5] ***Loc. cit.***, p. 637.

[6] Terrains secondaires des Corbières, *Bull. Soc. géol. Fr.*, t. XIX, p. 194, fig. 6,

Pour M. Carez [1], ces couches appartenaient au Crétacé inférieur sans que leur âge pût être absolument précisé.

M. Jacquot n'a pas hésité [2] à reconnaître le Trias à la source de la Sals et cette opinion que ce savant géologue a soutenue avec sa grande autorité, paraît devoir être définitivement admise. Bien que le fait ainsi établi n'ait pas une grande importance, il me sera permis de rappeler, qu'ayant été le premier à le signaler, j'ai toujours maintenu l'exactitude de mon observation.

Ce qui m'avait le plus frappé dans ce Trias des sources de la Sals, c'était sa ressemblance parfaite avec celui de l'Ariège, du moins avec la partie supérieure, les marnes irisées, la plus constante et la seule dont l'authenticité ne ne peut pas être contestée. Dans les Corbières, je ne connais guère que ce gîte et ce n'est qu'avec doute que je rapporte au Trias ce que j'ai vu dans la vallée de l'Aude, au-delà des bains d'Husson, à l'ouest du moulin à plâtre de La Fargue.

J'ai eu l'occasion d'étudier tous les affleurements triasiques de l'Ariège et déjà en 1882 [3], j'en avais fait une description assez complète à laquelles mes « Etudes géologiques [4] » n'ont ajouté qu'un fait intéressant, l'existence probable du grès bigarré et du Muschelkalk au sud de Rimont. Les recherches que j'ai entreprises depuis pour le service de la carte géologique détaillée de la France me permettent de décrire ce terrain avec plus de précision et d'en indiquer l'allure avec des teintes sur la carte de l'état-major. Dans la description rapide que je veux en faire, je me dirigerai de l'est à l'ouest, de la limite du département de l'Aude à St-Girons, où finit la feuille de Foix.

M. Jacquot constate que dans toute l'étendue de la chaîne des Pyrénées la formation triasique a une composition uniforme, les trois termes de la série étant presque toujours représentés dans la région montagneuse, tandis qu'ils sont rarement complets dans la plaine. Cela n'est pas absolument exact pour l'Ariège, même si on y admet l'existence des trois étages. Le savant géologue semble supposer que ce terrain ne forme qu'une seule bande dans ce département, alors qu'il y en a deux en réalité [5], l'une fort réduite, qui entre dans la composition des Pyrénées proprement dites, l'autre beaucoup plus importante qui existe dans les petites Pyrénées. La première se présente par lambeaux, la deuxième s'étend d'une manière à peu près continue. Une lacune paraît se trouver entre la région de Sougraigne et de St-Louis dans l'Aude et celles de Bélesta et de Lavelanet dans l'Ariège.

La bande de la région montagneuse pourrait commencer à Villa[illegible] localité citée par M. Jacquot, qui serait au sud-est de Lavelanet, mais que je ne connais pas et qu'il m'a été impossible de trouver sur la carte de l'état-major réa-

[1] *Bulletin Soc. géol. Fr.*, 3e série, t. XVII, p. 372 et suivantes.

[2] *Bull. Soc. géol. de Fr.*, 3e série, t. XVI, p. 912 et t. XIX, p. 112.

[3] *Bull. S. g. Fr.*, 3e série, t. X, page 446.

[4] *Etudes géologiques sur le département de l'Ariège*, Paris, Masson, 1884, appendice.

[5] Je n'ose pas dire qu'il y en a 3, car les petits affleurements de Trias du Rancié et de Goulier, dans la région de Vicdessos n'ont pas une grande importance.

lité, le premier gisement se montre à Montségur ; il est intercalé entre les calcaires jurassiques et les schistes carbonifères. Il y a là des marnes verdâtres dans lesquelles on exploite le gypse et qui sont peu développées. Entre cette localité et Celles, on ne trouve que quelques vestiges de Trias, c'est-à-dire des quartz ainsi que des lambeaux de marnes verdâtres et rougeâtres, mais à Labat il est mieux représenté. Il faut aller un peu plus au sud pour le retrouver, à Arnave où existe une exploitation importante de gypse, dans le voisinage des gneiss ; c'est d'ailleurs à peu près dans les mêmes conditions que se trouve le Trias, sur la rive gauche de l'Ariège, à Arignac. Mais avant de m'occuper de ce qui existe dans cette localité, je dois citer la présence d'un lambeau de marnes bariolées et d'un pointement ophitique au sud de Quié.

La vallée de fracture d'Arignac n'est en réalité que la continuation de celle d'Arnave. Au nord se trouve un massif cristallin composé de gneiss et de granulites, qui peut être suivi vers l'ouest jusqu'au Salat. Au sud, il n'y a guère dans la même direction que des roches primaires et secondaires, avec prédominance de ces dernières ; il y a là une faille bien accusée. Sur la rive gauche de la petite rivière qui coule dans cette vallée, on voit une masse de gypse, plaquée sur le gneiss et d'une exploitation assez difficile à cause des éboulements qui se produisent. Sur la rive droite on trouve également le gypse associé à des marnes verdâtres, quelques bancs de calcaire roux, des cargneules et des calcaires à grain grossier. Ce Trias est en contact avec les calcaires urgoniens du Sédour et, le plus souvent, avec les marnes noires du Gault. Le gypse est très beau et de bonne qualité. On y rencontre des lentilles d'anhydrite et de nombreuses pyr[illegible]s de fer. Il ne tarde pas à disparaître, en même temps que les roches qui l'a[illegible]pagnent, avant d'arriver à Bédeillac. Pour le retrouver, il faut aller j[illegible]au col de Port. Quand on a passé le col, on voit dans le fond du ravin un [illegible]ement de Trias reposant, au nord sur les granulites, au sud sous les cal[illegible]es jurassiques ; il se compose de marnes bariolées, souvent d'un rouge vif, de lentilles de gypse et de quelques cargneules. Les quartz bipyramidés y abondent. La végétation, très abondante dans cette vallée, ne permet pas de voir ce qui s'y passe, mais il est à peu près certain que le Trias doit s'y trouver sur tout le pa[illegible]rs, jusqu'à Massat. Toujours est-il qu'on en voit un lambeau à Touron et [illegible]re près de Poumadé. Ici, il y a de nombreux pointements ophitiques, [illegible]eules, quelques calcaires. Dans le gypse et les marnes qui l'accompagne. [illegible]rouve beaucoup de quartz. J'ai étudié cette région en compagnie de M. La[illegible] qui nous donnera sans doute plus tard des renseignements intéressants [illegible]e Trias, au point de vue pétrographique.

A [illegible]est de Massat, on voit quelques vestiges de ce terrain près d'Agneit ; il y est représenté par des cargneules et des marnes, mais ce n'est qu'avec doute que je le signale sur ce point. Ce terrain se montre plus nettement à quelques kilomètres dans la même direction, à l'est de Seix ; il y a là, en contact avec les calcaires jurassiques d'un côté et le granite de l'autre, des marnes versicolores associées à quelques bancs minces de cargneules.

Nous voici à peu près à la limite de la feuille de Foix et il ne me serait pas possible de poursuivre l'étude du Trias dans cette direction sans empiéter sur le domaine de mon confrère, M. Caralp. Cependant, je citerai, comme simple indication, ce qui existe sur la rive droite du Lez, à Legerge, et qui est la continuation de la bande triasique méridionale.

Sur tout son long parcours, le Trias n'est représenté que par l'étage supérieur, les marnes irisées, et son importance est médiocre, si bien qu'il ne peut être figuré sur la carte que par des traits déliés. Presque toujours en contact avec les roches cristallines, granite ou gneiss, il jalonne une faille presque continue ou, ce qui serait peut-être plus exact, une série d'accidents de ce genre.

La bande septentrionale du Trias commence à Roquefixade, à l'est de Foix, à 15 kilomètres environ de cette ville. Au nord, ce terrain est en contact avec le Crétacé inférieur, au sud avec le Sénonien ; il est représenté par l'étage supérieur, les marnes irisées. On peut le suivre dans la direction de Leichert et de St-Sirac, mais ici la série des terrains secondaires est normale vers le nord, c'est-à-dire que sur ce point le Trias est en relation avec l'Infra-lias, auquel succèdent les autres termes de la série jurassique. Au sud, il borde une longue faille que j'ai déjà eu l'occasion de signaler bien des fois et qui parcourt tout le département, de l'est à l'ouest. Une fracture qui existe dans la chaîne rocheuse du Pech de Foix, fait apparaître les marnes irisées au-dessus de St-Sirac ; il en est de même au nord d'Enrivière et d'Empujol. Plus loin, à Lherm, on trouve le Keuper très développé. Le gypse n'existe pas dans toute cette région, mais les quartz bipyramidés y abondent.

A l'est de Sézenac, il y a encore des affleurements des marnes versicolores facilement visibles dans cette direction jusqu'aux bords de l'Ariège. La fracture du bombement de Foix permet d'observer ce terrain dans la partie centrale, d'une manière apparente à Pan-Germa sur la rive droite de la rivière, mais avec moins de netteté sur la rive gauche, le long du chemin qui conduit de Foix à Vernajoul.

A part quelques vestiges de marnes rougeâtres et verdâtres qui se montrent du côté de Cos, et de St-Martin-de-Caralp, on ne rencontre pas le Trias avant Baulou où il est bien représenté dans la cluse et au sud du village, avec ses marnes bariolées, ses cargneules et quelques bancs de calcaire roux. A partir de ce point, il s'infléchit vers le nord et prend plus d'importance. On peut le suivre jusqu'à la route de St-Girons où il se montre quelque temps sur le côté gauche, mais à Cadarcet, nous allons le trouver d'une manière constante des deux côtés. Les marnes donnent une teinte rougeâtre aux champs d'alentour, les quartz y abondent, parfois assez gros, blancs ou avec une belle teinte rosée. Ici, la série des terrains secondaires est normale et renversée ; les marnes irisées succèdent à des poudingues rougeâtres et à des grès dans lesquels on observe des gîtes de baryte et de minerai de fer. Les ophites se montrent déjà au nord du Mont Coustant ; elles sont généralement à la limite du Trias et du Jurassique. Tout cet ensemble se poursuit jusqu'à Rimont où le gypse apparaît pour la première fois. Tandis que les marnes irisées sont plus puissantes vers le nord, les poudingues et les grès occupent les hauteurs au sud de Castelnau, de

Rimont et de Lescure. M. Jacquot, qui a visité cette région, y a distingué les trois termes de la série triasique. L'existence du Keuper est incontestable, mais il ne me paraît pas en être de même du Muschelkalk et du grès bigarré ; il y a bien des calcaires dolomitiques, des calcaires gris de fumée avec silex noirs, mais cette région est si bouleversée, qu'il n'est pas absolument prouvé que cela ne fait pas partie du Dévonien. J'ai à ce sujet des scrupules et il me paraît nécessaire de faire quelques réserves. Quant aux poudingues rougeâtres et aux grès de la partie inférieure, ils rappellent ce que j'ai eu l'occasion de voir dans le Permien de l'Hérault; s'il y a du grès bigarré sur ce point, peut-être que tout ne lui appartient pas. Je me propose d'ailleurs d'examiner cela prochainement.

A partir de Souch-de-Baux, le Trias se dirige vers le sud et on peut le suivre jusqu'à Palétès, sur la rive droite du Salat, où il est très puissant. Une exploitation de gypse a été entreprise depuis quelques années sur un point où je l'avais signalé précédemment. Là, encore, on peut voir les poudingues et les grès de la partie inférieure. Le tout traverse la rivière pour se montrer à Eichel et à Lacourt où il existe plusieurs carrières de plâtre.

Le Trias apparaît encore une fois près du village d'Alos et on peut considérer ce qui existe ici comme le trait d'union entre la bande méridionale et la bande septentrionale ; c'est là que je dois terminer cette petite étude qui n'ajoute pas, il est vrai, des faits nouveaux à ceux qui avaient déjà été signalés, mais qui n'est peut-être pas sans intérêt au point de vue descriptif.

Montpellier, le 3 juillet 1891.

C. de Lacvivier.

www.ingramcontent.com/pod-product-compliance
Ingram Content Group UK Ltd.
Pitfield, Milton Keynes, MK11 3LW, UK
UKHW020215180726
13838UKWH00005B/2013